CORNELIA LIND

Konzeptueller Entwurf verteilter betrieblicher Informationssysteme

Abhandlungen aus dem
Industrieseminar der Universität Mannheim

früher unter dem Titel
Abhandlungen aus dem Industrieseminar der Universität zu Köln
begründet von Prof. Dr. Dr. h. c. Theodor Beste

Herausgegeben von
Prof. Dr. Gert v. Kortzfleisch, Prof. Dr. Heinz Bergner
und Prof. Dr. Peter Milling

Heft 41

Konzeptueller Entwurf verteilter betrieblicher Informationssysteme

Ein objektorientierter Ansatz

Von

Cornelia Lind

Duncker & Humblot · Berlin

Die Deutsche Bibliothek – CIP-Einheitsaufnahme

Lind, Cornelia:
Konzeptueller Entwurf verteilter betrieblicher
Informationssysteme : ein objektorientierter Ansatz /
von Cornelia Lind. – Berlin : Duncker und Humblot, 1994
  (Abhandlungen aus dem Industrieseminar der Universität Mannheim ;
  H. 41)
  Zugl.: Mannheim, Univ., Diss., 1993
  ISBN 3-428-07933-7
NE: Universität ⟨Mannheim⟩ / Seminar für Allgemeine
  Betriebswirtschaftslehre und Betriebswirtschaftslehre der Industrie:
  Abhandlungen aus dem ...

Alle Rechte vorbehalten
© 1994 Duncker & Humblot GmbH, Berlin
Fotoprint: Werner Hildebrand, Berlin
Printed in Germany
ISSN 0935-381X
ISBN 3-428-07933-7

*Meinen Eltern und
in Erinnerung an meinen Großvater*

Vorwort eines der Herausgeber

Technische Fortschritte bei der Hardware zur EDV, besonders zu deren Dezentralisation, und technische Fortschritte bei den Produktionsprozessen, besonders zu deren Automation, erfordern adäquate Softwarekonzepte. Diese müssen berücksichtigen, daß Administrationsprozesse und Informationsprozesse zum einen immer ähnlicher werden und - als Folge dessen - zum anderen zunehmend ineinander übergreifen. Davon sind zwischenbetriebliche Prozesse ebenso betroffen wie innerbetriebliche Prozesse; auch wenn jene zwischen Betrieben praktiziert werden, die verschiedenen makroökonomischen Sektoren oder sogar anderen Nationalökonomien angehören. Die daraus resultierenden Ansprüche des Managements an systematisches Erfassen, Verdichten, Auswerten und Übermitteln von Informationen als Meldungen sowie als Anweisungen werden von verteilten Informationssystemen erfüllt. Solche Systeme zu entwerfen, einzurichten und zu pflegen ist eine Aufgabe, die Betriebswirtschaftler und Informatiker gleichermaßen herausfordert. Die Ausführungen von Frau Dr. Lind zeigen, wie diesen Herausforderungen entsprochen werden kann.

Mannheim, September 1993   Gert-Harald v. Kortzfleisch

Vorwort

Die Gestaltung von Rechnernetzen für das Informationsmanagement ist gegenwärtig und wohl noch einige Jahre lang ein Zentralthema im Grenzbereich zwischen der Betriebswirtschaftslehre und der Informatik. Schnell aufeinander folgende, jeweils weite hard- und software-technische Fortschritte, wie beispielsweise bei der Expansion von Netzwerkbetriebssystemen, in den Dimensionen der Datenübertragung oder zum Komfort der Verwaltung von verteilten Dokumenten, sind permanente Herausforderungen.

Bei der Nutzung dieser Fortschritte zur Leistungssteigerung von verteilten Informationssystemen, die in die betrieblichen Produktions- und Administrationsprozesse integriert sind, müssen systemtheoretische Prinzipien realisiert werden. Dazu dient ein objektorientierte Ansatz, dessen Konzeption auf den Daten und Programmen basiert, mit denen die Aktivitäten im Unternehmen zu erfassen, zu steuern und zu überwachen sind. So ist zu vermeiden, daß der Einsatz von jeweils neuster EDV-Technik in Rechnernetzen für das Informationsmanagement zum Selbstzweck wird.

Meinem akademischen Lehrer, Professor Dr. G. v. Kortzfleisch, danke ich für die Anregungen zu der vorliegenden Abhandlung, die im Industrieseminar der Universität Mannheim entstanden ist.

Frankfurt, Dezember 1993   Cornelia Lind

Inhaltsverzeichnis

A. **Verteilte Informationssysteme im Unternehmen** 21

    I. Neue Anforderungen an das Informationsmanagement 21
        1. Der ganzheitliche Systemansatz im Informationsmanagement 22
        2. Fortschritte in der Kommunikationstechnik - Basis und Stimuli
           innovativer Lösungen 24
        3. Verteilte versus dezentrale Informationssysteme 32

    II. Einsatzmöglichkeiten verteilter Informationssysteme in
        betrieblichen Bereichen 37
        1. Verteilte Produktionsinformationssysteme 38
        2. Verteilte Systeme im Rechnungswesen 46
        3. Verteilte Management-Informationssysteme 49

    III. Problemkomplexe für die Installation verteilter
        Informationssysteme 53
        1. Inkompatibilität einzelner Komponenten 53
        2. Risikoaversion beim Einsatz neuer Techniken 55
        3. Mangel an Entwurfsverfahren und -werkzeugen 57

B. **Besonderheiten der Systemspezifikation verteilter Informationssysteme** 60

    I. Inhaltliche Erweiterungen des traditionellen Phasenschemas 60
        1. Die Planungsphase 61
        2. Die Definitionsphase 67
        3. Die Entwurfsphase 68

    II. Spezielle Aspekte der Planung verteilter Systeme 72
        1. Dimensionen der Verteilung 73

      2. Architektur verteilter Systeme 78
      3. Grundlagen des Kommunikationssystems 84

  III. Verfahren der Systemintegration 89
      1. Verteilte Datenbanken 90
      2. Verteilte Transaktionssysteme 94
      3. Verteilte Programmierung 96

C. Objektorientierter Entwurf von Informationssystemen 99

  I. Charakteristika der Objektorientierung 99
      1. Grundidee des objektorientierten Ansatzes 100
      2. Elemente objektorientierter Ansätze 101
      3. Prinzipien der Objektorientierung 104

  II. Einsatz objektorientierter Ansätze für den Systementwurf 109
      1. Anforderungen an Entwurfsmethoden 111
      2. Vorteile der objektorientierten Modellierung 114
      3. Verbindung von objektorientierten und systemtheoretischen Ansätzen 117

  III. Aktivitäten beim konzeptuellen objektorientierten Entwurf 119
      1. Entwicklung der statischen Modellelemente 121
      2. Entwicklung der dynamischen Modellstrukturen 124
      3. Darstellung der konzeptuellen Entwurfsergebnisse 126

D. Konzeptueller Entwurf der Daten- und Anwendungsallokation 129

  I. Eigenschaften des Verteilungsmodells 129
      1. Entscheidungsparameter für die Softwareverteilung 130
      2. Signifikante Systemelemente 133
      3. Erläuterung der variablen Modellgrößen 134

  II. Aufbau und Funktionsweise des Modells 136
      1. Beschreibung des zentralen Modellansatzes 136
      2. Zuordnung von Software zu Knoten 141
      3. Aufbereitung der Modelleingaben 145

III. Objektorientiertes Konzept des Verteilungsmodells 150
   1. Objektorientierte Modellierung des Systems 150
   2. Struktur der objektorientierten Simulation 152
   3. Iterative Entwicklung der Software-Allokation 154

Anhang 157

Literaturverzeichnis 170

Abbildungsverzeichnis

Abbildung A-1.:	Das ISO/OSI Schichtenmodell	31
Abbildung A-2.:	CIM-Definition nach AWF	40
Abbildung A-3.:	Rechnernetze in einer Produktionsumgebung	45
Abbildung A-4.:	Die Umsysteme der Kostenrechnung	48
Abbildung A-5.:	Schwierigkeiten bei der Installation verteilter Informationssysteme	59
Abbildung B-1.:	Die Planungs-, Definitions- und Entwurfsphase der Entwicklung verteilter Informationssysteme	61
Abbildung B-2.:	Beispiel eines Verteilungsmodells der Grundkonzeption	66
Abbildung B-3.:	Kommunikationsvorgänge bei der Datenpartitionierung und der Datenreplikation	78
Abbildung B-4.:	Schichtenarchitektur eines Rechnerknotens in einem verteilten System	80
Abbildung B-5.:	OSF Distributed Computing Environment	84
Abbildung B-6.:	Schema eines verteilten Datenbanksystems	94
Abbildung C-1.:	Struktur einer Botschaft	102
Abbildung C-2.:	Graphen der Einfach- und Mehrfachvererbung	107
Abbildung C-3.:	Komponenten der Objektorientierung	108
Abbildung C-4.:	Verteilung der Fehlerursachen	110
Abbildung D-1.:	Verkehrsaufkommen im Kommunikationsnetzwerk	139
Abbildung D-2.:	Beispiel eines Abhängigkeitsgraphen	141
Abbildung D-3.:	Erforderliche Instruktionen einer lokalen und einer entfernten Beispielanwendung im Vergleich	143
Abbildung D-4.:	Diagramm der Abhängigkeiten	149

Abbildung D-5.:	Ausschnitt aus dem Strukturmodell eines Verteilungsmodells	152
Abbildung D-6.:	Flußdiagramm des Iterationsprozesses	155

Abkürzungsverzeichnis

a.a.O.	am angegebenen Ort
AODV	Aktionsorientierte Datenverarbeitung
ASN.1	Abstract Syntax Notation One
AWF	Ausschuß für wirtschaftliche Fertigung
Bd.	Band
BDE	Betriebsdatenerfassung
BMFT	Bundesministerium für Forschung und Technik
ca.	circa
CAD	Computer Aided Design
CAM	Computer Aided Manufacturing
CAP	Computer Aided Planing
CAQ	Computer Aided Quality
CCITT	Comité Consultatif International Télégraphique et Téléphonique
CEFIC	Conseil Européen des Fédérations de l'Industrie Chimique (Europäischer Rat der Chemieverbände)
CIM	Computer Integrated Manufacturing
CNC	Computer Numerical Control
CNMA	Communication Network for Manufacturing Applications-Spezifikation
DCE	Distributed Computing Environment
DEC	Digital Equipment Corporation
d.h.	das heißt
DV	Datenverarbeitung
EDV	elektronische Datenverarbeitung
EIS	Executive Information System
ELAN	Extended Local Area Network
E-Mail	Electronic Mail
ER-Model	Entity-Relationship-Model
etc.	et cetera

FFS	Flexibles Fertigungssystem
FTS	Fahrerloses Transportsystem
HIPO	Hierarchy Plus Input Process Output
Hrsg.	Herausgeber
IBM	International Business Machines Corporation
i.d.R.	in der Regel
IEEE	Institute for Electronical and Electrical Engineering
IGES	Initial Graphics Exchange Specification
ISO	International Organization for Standardization
Jg.	Jahrgang
JIT	Just In Time
LAN	Local Area Network
LU	Logical Unit
MAP	Manufacturing Automatisation Protocol
MIS	Management Informationssystem
MIT	Massachusettes Institute of Technology
MMSF	Manufacturing Message Specification Format
MSS	Management Support System
NAU	Network Adressable Unit
NC	Numerical Control
NFS	Network File System
ODETTE	Organisation for data exchange by teletransmission in europe
OSF	Open Software Foundation
OSI	Open Systems Interconnection
o.V.	ohne Verfasser
PAR	Positive Acknowledgement Retransmit
PC	Personal Computer
PLC	Programmable Logic Control
PPS	Produktionsplanung und -steuerung
RC	Robotic Control
RISC	Reduced Instruction Set Computer
RPC	Remote Procedure Call
S.	Seite
SA	Structured Analysis
SAA	System Application Architecture (System Anwendungsarchitektur)
SADT	Structured Analysis and Design Technique

SAP	Service Access Point
SNA	System Network Architecture
SPS	Speicherprogrammierbare Steuerung
SQL	Structured Query Language
STEP	Standard for the Exchange of Product Definition Data
TCP/IP	Transmission Control Protocol/Internet Protocol
TOP	Technical Office Protocol
Tr/Tag	Transaktionen pro Tag
TSO	Time-sharing option
u.a.	unter anderem
usw.	und so weiter
VDA	Verband der deutschen Automobilindustrie
WAN	Wide Area Network
z.B.	zum Beispiel
ZfB	Zeitschrift für Betriebswirtschaft
ZwF	Zeitschrift für wirtschaftliche Fertigung

A. Verteilte Informationssysteme im Unternehmen

I. Neue Anforderungen an das Informationsmanagement

Informationen sind schon immer die Grundlage rationaler unternehmerischer Entscheidungen. Sie tragen somit maßgeblich zum Erfolg oder Mißerfolg des Unternehmens am Markt bei. Obwohl Informationen auch heute, im Informationszeitalter, noch weithin intuitiv und unbewußt genutzt werden, erfordern die wachsende Komplexität des gesamtwirtschaftlichen Geschehens und die zunehmende Kompliziertheit der Prozesse im Unternehmen selbst den Einsatz geeigneter Informations-Instrumentarien.

Das älteste, bekannteste und zugleich umfassendste Informationssystem ist das System des betrieblichen Rechnungswesens. Sämtliche Unternehmensbereiche und Aktivitäten werden hier mit Zahlen, Zahlenreihen und Rechenergebnissen beschrieben. Das kann retrospektiv und/oder prospektiv geschehen. Trotz seines Umfangs muß das Informationssystem des Rechnungswesens um weitere Informationssysteme ergänzt werden. Dabei werden entweder zusätzliche Informationen abgebildet oder bereits vorhandene Daten so umgeordnet, daß daraus neue Informationen entstehen. Schließlich muß auch eine systematische Auswertung unternehmens-externer Informationen sichergestellt sein.

Aufgrund der unterschiedlichen Anforderungen entstehen in den verschiedenen betrieblichen Bereichen und auf einzelnen Unternehmensebenen isoliert spezielle Informations-, Entscheidungsunterstützungs-, Planungs-, Führungs-, Steuerungs- oder Kontrollsysteme. Die Vielfalt nimmt noch immer ständig zu - unter anderem aufgrund der zunehmenden Tendenz zur Dezentralisation durch Bilden kleinerer, sich selbst steuernder unternehmerischer Einheiten. Die bekanntesten Formen reichen von sogenannten *cost-* oder *profitcenters* zur pretialen Betriebslenkung bis hin zu rechtlich selbständigen Tochtergesellschaften, vereint unter einer Holding, die nur noch ausgewählte Managementfunktionen wahrnimmt. Alle diese getrennten Systeme sind dabei Teile eines gemeinsamen Ganzen und dienen einem gemeinsamen übergeordneten Ziel. Aufgabe des Informationsmanagements ist es nun, allen speziellen Ansprüchen gerecht zu werden und gleichzeitig die notwendige Integrität auf der Ebene der Informationen sicherzustellen.

1. Der ganzheitliche Systemansatz im Informationsmanagement

Informationen, verstanden als zweckorientiertes Wissen, müssen generiert, verarbeitet und zeitgerecht bereitgestellt werden, um als Basis rationaler Entscheidungen dienen zu können. Anhand dieser Prozeßkette lassen sich die Aufgaben des betrieblichen Informationsmanagements strukturiert darstellen. Ex ante erfordert die teleologische Ausrichtung von Informationen und Informationssystemen eine gründliche Analyse des bestehenden Informationsbedarfs und eine sorgfältige Schätzung der zukünftigen Informationsnachfrage. Die daraus gewonnenen Ergebnisse definieren das Zielsystem, das von den nachfolgenden Prozessen zu erfüllen ist. Dazu bestimmt das Informationsmanagement die Datengrundlage, aus der die notwendigen Informationen generiert werden können, die Stellen, an denen die Daten zu erfassen sind, und die Methoden, mit denen die Informationen aus den Daten generiert und weiterverarbeitet werden. Schließlich gehört es auch noch zu den Aufgaben des Informationsmanagements sicherzustellen, daß die Informationen bei Bedarf sofort bereitstehen.

Informationsmanagement ist nie isoliert zu sehen; es muß immer an der generellen Unternehmensstrategie und der Unternehmensrealität ausgerichtet sein. Von ihm wird gefordert, jedes strategische Managementkonzept mit einer zweckmäßigen Informations-Infrastruktur zu unterstützen. Daraus folgt zwingend die holistische Sicht des Informationsmanagements. Beschränkt es sich darauf, einzelne Insellösungen zu entwickeln, können zwar Effizienzsteigerungen und Rationalisierungseffekte erzielt werden, die grundlegende Unternehmensstrategie, die letztendlich die Existenz des Unternehmens sichert, wird jedoch nur punktuell unterstützt.[1]

Den gestellten Anforderungen kann das Informationsmanagement nur gerecht werden, wenn es das Informationssystem rechnergestützt konzipiert und implementiert. Erst die Fortschritte in der Informations- und Kommunikationstechnik schaffen die Voraussetzungen zur Integration der verschiedenen Informationssysteme im Unternehmen in ein ganzheitliches System in der Qualität, die erforderlich ist, um Informationssysteme zu einem Wettbewerbsfaktor werden zu lassen. Damit wird das Informationsmanagement primär zu einem Management von Informationssystemen mit einer Vielzahl an technischen Schnittstellen. Es handelt sich also um ein interdisziplinäres Aufgabengebiet. Trotzdem wird noch zu oft die Konzeption von Informationssystemen vollständig den Informatik-Abteilungen der Unternehmen zugewiesen, obwohl die Unternehmensführung gleichermaßen gefordert ist. Das Informationssystem kann dem Unternehmenskonzept nur dann angepaßt wer-

---

[1] Vgl. *Steuerwald, J.*: Informationsmanagement in der betrieblichen Praxis, 1991, S. 38 f.

den, wenn das Management der Informationssysteme auch als Führungsaufgabe verstanden wird und in Kooperation mit den Datenverarbeitungs-Spezialisten erfolgt.[2]

Unter einem Informationssystem wird im folgenden die Gesamtheit aller materiellen und immateriellen Objekte sowie der zwischen diesen bestehenden statischen und dynamischen Beziehungen verstanden, die den Zweck haben, Informationen zu erfassen, zu verarbeiten, darzustellen und zu speichern. Dabei handelt es sich bei den hier betrachteten Informationssystemen um betriebliche Informationssysteme, also um solche, die der Informationsverarbeitung in Betriebswirtschaften dienen, und um Informationssysteme mit einem hohen Automations- und Integrationsgrad. Ziel eines Informationssystems ist es, die relevanten Informationen bereitzustellen, auf deren Grundlage Entscheidungen erarbeitet werden. Diese Entscheidungen können auch von Maschinen getroffen werden, wie es z.B. in automatischen Steuer- und Regelungssystemen der Fall ist. Zwischen den verschiedenen Arten von Informationen und Informationssystemen wird vorerst nicht unterschieden. Planungs-, Steuerungs-, Regelungs-, Kontrollsysteme usw. werden somit alle unter dem Begriff Informationssystem subsumiert.

In der betrieblichen Realität bilden die Real- und Nominalgüterströme mit den ihnen zugeordneten Informationsströmen eine Einheit. Letztendlich werden sämtliche Aktivitäten im Unternehmen über ein Informationssystem geplant, ausgelöst, gesteuert, überwacht, kontrolliert und registriert. Betriebliche Informationssysteme haben daher zwei komplementäre Seiten: eine leistungswirtschaftliche und eine informationswirtschaftliche. Es muß dem Informationsmanagement gelingen, beide Seiten zu beherrschen, wobei erneut die Interdisziplinarität der Aufgaben des Informationsmanagements deutlich wird. Um diese komplexen und fachübergreifenden Probleme lösen, ja überhaupt angehen zu können, ist eine einheitliche Terminologie und eine gemeinsame Methodik zwingend erforderlich. Die Systemtheorie wird diesen Ansprüchen gerecht. "Ein sehr enger Zusammenhang besteht zwischen Systemtheorie und einem methodischen, ganzheitlichen Denken. Systemtheoretische Begriffe, Erkenntnisse und Vorgehensweisen bilden das unerlässliche Instrumentarium eines rationalen und lernbaren ganzheitlichen Denkens...".[3] Gleichzeitig wird die Systemtheorie in den verschiedensten Disziplinen eingesetzt und von Fachleuten unterschiedlichster Ausrichtung verstanden.

---

[2] Vgl. *Milling, P.*: Informationstechnologie als Wettbewerbsfaktor industrieller Unternehmen, 1986, S. 13 ff. und *Österle / Brenner / Hilbers*: Unternehmensführung und Informationssystem, 1991, S. 22 ff.

[3] *Ulrich H./ Probst, G.J.B.*: Anleitung zum ganzheitlichen Denken und Handeln, 1991, S. 20

Für die Konzeption von Informationssystemen eignet sich insbesondere die Systemanalyse, die auf den Aussagen der Allgemeinen Systemtheorie basiert und zusätzlich durch pragmatisch orientierte Ansätze, wie etwa Systems Engineering, ergänzt wird.[4] Die Systemanalyse kann als Erkenntnis- oder Gestaltungsmethodik eingesetzt werden. Sie dient einerseits dazu, Verhaltensweisen komplexer Ursache-Wirkungs-Gefüge zu erklären oder Gesetzmäßigkeiten zu untersuchen. Andererseits können mit ihrer Hilfe die effizienten Systemstrukturen entwickelt werden, die das angestrebte Systemverhalten ermöglichen.[5]

Aufgrund der Vielzahl und Verschiedenheit von Systemen kann es nicht ein universelles Verfahren zur Systemanalyse geben. Es ist offensichtlich, daß beispielsweise statische, dynamische, geschlossene, offene, technische oder sozio-ökonomische Systeme nur einen gewissen Grad an Gemeinsamkeiten aufweisen und zusätzlich durch spezielle Eigenschaften charakterisiert sind. Ziel der vorliegenden Arbeit ist es, im Rahmen einer systemanalytischen Vorgehensweise eine objektorientierte Methodik für den konzeptuellen Entwurf von Informationssystemen zu entwickeln. Wie noch aufgezeigt werden wird, besitzt der objektorientierte Ansatz für das Modellieren und Analysieren komplexer, offener Systeme, wie z.B. Informationssysteme, entscheidende Vorzüge, da ´objektorientiertes Denken´ auf einer ganzheitlichen Systembetrachtung basiert. Weiterhin können die Charakteristika der objektorientierten Modellierung effizient eingesetzt werden, um die Komplexität holistischer Systeme zu reduzieren. Zum einen erweitert der objektorientierte Ansatz in der Systemanalyse das Systemverständnis um eine neue Dimension[6], und zum anderen stellt er gleichzeitig eine pragmatische Methodik zur Vorgehensweise bereit.

2. Fortschritte der Kommunikationstechnik - Basis und Stimuli innovativer Lösungen

Die Menge an Informationen, die in den Unternehmen verarbeitet werden muß, und die Geschwindigkeit, mit der diese Informationen oftmals bereitstehen müssen, erfordern den Einsatz von Rechnern als Infrastruktur der Informationssysteme. Bisher verdoppelt sich das verfügbare Informationsvo-

---

[4] Vgl. *Fuchs-Wegner, G.*: "Systemanalyse", 1974, S. 72

[5] Vgl. *Koreimann, D.S.*: Systemanalyse, 1972, S. 14 und *Fuchs-Wegner, G.*: "Systemanalyse", 1974, S.77

[6] Zu den Vorteilen des objektorientierten Ansatzes bei der Systemkonzeption vgl. Abschnitt C.II

lumen etwa alle zehn Jahre.[7] Aufgrund der aktuellen Entwicklungen in der Informations- und Kommunikationstechnologie wird sich dieser Trend in den neunziger Jahren voraussichtlich fortsetzen. Weltweit stehen beispielsweise bereits über 5000 Online-Datenbanken zur Verfügung.[8] In der Bundesrepublik Deutschland ist dieser Markt erst im Entstehen.[9] Bei allen Zugriffsmöglichkeiten auf ein unüberschaubares Informationsangebot ist die Informationsqualität noch bedeutender geworden. Es geht dabei nicht allein darum, sämtliche 'eventuell interessanten' Daten bereitzustellen, sondern mit einem Minimum an verdichteten Daten eine optimale Aussagekraft zu erreichen.[10]

Der Einsatz von zentralen Großrechnern Ende der fünfziger/Anfang der sechziger Jahren kennzeichnet den Beginn der unternehmensweiten elektronischen Datenverarbeitung. Aus Wirtschaftlichkeitsüberlegungen werden aus den unterschiedlichsten Fertigungs- und Verwaltungsbereichen möglichst viele Prozesse automatisiert und zentral verarbeitet. Grundlagen sind dafür Vergleiche zwischen den Kosten der manuellen und der automatisierten Datenverarbeitung. Ein großer Nachteil dieser Vorgehensweise ist unter anderem, daß natürliche Arbeitsabläufe künstlich getrennt werden müssen.[11]

Die Preisentwicklung bei allen Hardwarekomponenten und die Verbreitung des Personal Computers zu Beginn der achtziger Jahre markieren eine Trendwende in der Informationsverarbeitung. Es ist jetzt wirtschaftlich, für einzelne Abteilungen und sogar an individuellen Arbeitsplätzen eigene Rechnerkapazitäten bereitzustellen. Davon wird ausgiebig Gebrauch gemacht. Das Ergebnis ist eine stark heterogene EDV-Landschaft in den Unternehmen, die es im weiteren in ein Gesamtsystem zu integrieren gilt.

Diese Entwicklungsstufen scheinen für das Informationsmanagement prototypisch zu sein. Schon Mitte der siebziger Jahre beschrieb Richard L. Nolan seine 4-Stufen-Theorie für die Datenverarbeitung auf Großrechnern, die er

---

[7] Vgl. hierzu die Ausführungen von *Hering, F-J.*: Informationsbelastung in Entscheidungsprozessen, 1986, S. 5 - 9

[8] Vgl .o.V.: Im Auftrag in Datenbanken recherchieren, Handelsblatt Nr. 204, 21.10.1992, S. B 21

[9] Laut Angaben des Handelsblatt machten die Anbieter von externen Datenbanken 1990 weltweit einen Umsatz von 10 Mrd. $, davon nur 350 Mill. $ in der Bundesrepublik Deutschland. Hingegen wurden beispielsweise in Großbritannien Datenbanken für 1.7 Mrd. $ und in Japan für 1.2 Mrd. $ genutzt. Vgl. o.V.: Vernetzte PC verdrängen den Zentralrechner, Handelsblatt Nr.199, 16.10.1991, S. B 1

[10] Vgl. *Ulrich,P./ Fluri, E.*: Management, 1984, S. 28

[11] Vgl. *Martiny, L.*: Informationsmanagement auf Basis gewachsener Unternehmensstrukturen, 1987, S.64

1979 auf 6 Stufen ausbaute.[12] Die aktuelle Integrationsproblematik ist davon lediglich eine neue Version. Richard L. Nolan nennt folgende 6 Stufen, die zu durchlaufen sind:[13]

1. Initiation: In dieser Phase werden die ersten Erfahrungen mit der Automation von Anwendungen, typischerweise in der Buchhaltung, gesammelt. Die Stufe ist eher durch vorsichtiges Experimentieren gekennzeichnet als durch ein planvolles Vorgehen. Erst gegen Ende der Phase wird konsequent damit begonnen, repetitive Arbeitsabläufe auf die Rechenanlage zu übertragen.

2. Verbreitung: Der Enthusiasmus für die Automation wächst und die Anwender werden angehalten, die Rechnerleistungen verstärkt einzusetzen. Auch auf dieser Stufe ist ein Gesamtkonzept noch nicht vorhanden, obwohl die Investitionen in die EDV erheblich ansteigen.

3. Kontrolle: Die hauptsächlich in Stufe 2 isoliert entstandenen Programme weisen mehrere bekannte Nachteile auf, wie z.B. unzureichende Dokumentation, mangelnde Struktur, fehlende Schnittstellenspezifikationen, unbekannte Nebeneffekte der einzelnen Module etc. Die Programme arbeiten noch nicht zusammen und ihre Pflege und Wartung beansprucht bereits 70% - 80% der Arbeitszeit der eingesetzten Informatiker.[14] Es ist dringend notwendig, die EDV zu reorganisieren und neu zu planen. Die Aufgabe in dieser Phase besteht deshalb primär darin, die Datenverarbeitung zu verwalten und nicht mehr vorzugsweise die physischen Rechenanlagen. Die Betriebsinformatiker konzentrieren sich auf das Management der Datenressourcen. Den Anwendern selbst hingegen

---

[12] Vgl. *Nolan, R.L.*: Managing the crises in data processing, 1979

[13] Vgl. ebenda S. 115 - 120

[14] An diesen Zahlen hat sich bisher allerdings wenig geändert. Der Wartungsaufwand wird nach wie vor auf ca. 80% geschätzt. Vgl. *Rose, B.*: Spezialisten haben den Kopf frei für Neuentwicklungen, 1992, S. B 4

erscheint Stufe 3 eher als eine Stagnation, da kaum Erweiterungen und Innovationen ersichtlich sind.

4. *Integration:* Beim Wechsel zur Stufe 4 profitiert schließlich auch der Anwender von der Reorganisation und den neu eingesetzten Technologien.[15] Dadurch wird eine Nachfrage ausgelöst, der die vorhandene Rechnerleistung und das EDV-Management nicht nachkommen können, da die Rechenzentren noch immer fast vollständig mit der internen Verwaltung ausgelastet sind und weniger den Ausbau der Datenverarbeitung planen.

5. *Datenverwaltung:* Durch die wachsende Nachfrage treten die bestehenden Ineffizienzen in der Informationsverarbeitung besonders deutlich hervor. Eine unternehmensweite Datenverwaltung ist notwendig, um zu vermeiden, daß Daten mehrfach erfaßt werden und um Synergieeffekte auszunutzen.

6. *Reife:* In der 6. Stufe erfolgt der Ausbau der Informationsverarbeitung, indem weitere Arbeitsabläufe automatisiert und integriert werden. Man will erreichen, daß das Informationssystem den tatsächlichen Informationsfluß im Unternehmen präzise abbildet und optimieren hilft.

Das sich heute präsentierende Szenario der isolierten Abteilungs- oder Arbeitsplatzrechner bis hin zu Abteilungsnetzwerken hat sich fast analog entwickelt. Das Personal Computing verbreitet sich, nach nur kurzer Testphase, unerwartet schnell in der Arbeitswelt, unterstützt durch Hard- und Softwareanbieter. Aus dem starken Konkurrenzkampf auf diesem Marktsegment resultieren für den Anwender Vorteile in Form eines rapiden Preisverfalls sowie durch ein erratisch wachsendes Leistungsangebot.[16] Diese Entwicklung verursacht aber auch Nachteile, wie z.B. Kompatibilitätsprobleme oder die Abhängigkeit von einem bestimmten Hersteller. Weiterhin entsteht in der

---

[15] In der zweiten Hälfte der 70er Jahre z.B. von dem Einsatz der Datenbanken, auf die sich R. L. Nolan bezieht.

[16] Die Leistungsfähigkeit der Personal Computer verdoppelt sich etwa alle 2 Jahre; genau umgekehrt verhält es sich mit den Preisen. Vgl. *Günnewig, H.:* Nur die Systemplatine muß ausgetauscht werden, 1991, S. B 9

zweiten Hälfte der achtziger Jahre durch den Einsatz der RISC-Technologie[17] in den sogenannten *Workstations* eine neue Rechnergeneration, die die bereits bestehende Vielfalt noch ergänzt. Workstations zeichnen sich durch eine hohe Rechnerleistung, verbunden mit hochwertigen, graphikfähigen Bildschirmen aus und werden hauptsächlich für Arbeiten in den Bereichen des Computer Aided Designs und des Computer Aided Engineerings eingesetzt. Die verschiedenen Rechnerwelten - PCs, Workstations, Rechner der mittleren Datentechnik sowie Großrechner - arbeiten parallel, unabhängig voneinander. Auch innerhalb der einzelnen Leistungsklassen beschränken sich die Gemeinsamkeiten eher auf die Leistungsdaten als auf kompatible hard- und softwaretechnische Ansätze. Die von Richard L. Nolan beschriebene Isolation bezieht sich nun nicht mehr auf individuelle Programme, sondern auf ganze Rechnertypen mit speziellen Betriebssystemen und Anwendersoftware. Die Notwendigkeit, Brücken zu schlagen, wird zunehmend dringlicher, aber auch wahrgenommen. In der neuen Version der dritten Stufe entstehen eine Vielzahl an Standardisierungsvorschlägen, auch solche mit Normcharakter. An der Erarbeitung dieser Standards sind die unterschiedlichsten Gruppen beteiligt. Dazu zählen offizielle Institutionen, wie z.B. die *International Organization for Standardization* (ISO), das *Institute Of Electrical And Electronic Engineering* (IEEE) oder das Bundesministerium für Forschung und Technik (BMFT). Ebenso befassen sich auch private Kooperationen mit der Standardisierung. Die bekanntesten darunter sind die *Open Software Foundation* (OSF)[18] und die Verbände verschiedener Industriebereiche. Die Industrieverbände sind vor allem bei der Entwicklung von Branchenstandards sehr erfolgreich. Beispielhaft sind hier der VDA-Standard zur Datenübertragung in der bundesdeutschen Automobilindustrie oder ODETTE, das Analogon des internationalen Verbandes, sowie der internationale Branchenstandard CEFIC der Chemischen Industrie zu nennen. Allen Bemühungen liegt das Konzept der offenen Systeme zugrunde.

---

[17] Reduced Instruction Set Computers: bezeichnet eine Prozessorarchitektur mit wenigen (i.d.R. weniger als 100), einfachen Maschinenbefehlen. Vgl. *Bode, A.*: Befehlssatz, reduzierter, 1990, S. 53 f.

[18] Die OSF ist eine internationale Organisation, die es sich zum Ziel gesetzt hat, Standards für die Softwarearchitektur zu entwickeln. OSF wurde 1988 von IBM, DEC, Bull, HP, Nixdorf, Apollo, Phillips, Siemens sowie Hitachi gegründet und war zu dieser Zeit eine Erwiderung auf die mächtige Unix-Gruppe um AT&T, genannt Unix International (UI). OSF steht zwar allen Soft- und Hardwareanbietern offen, aber der Machtkampf um die Software-Standards ist noch nicht abgeschlossen. Vgl. *Gray, P.A.*: Open Systems, 1991, S. 83

Offene Systeme sind durch folgende Eigenschaften gekennzeichnet:[19]

1. *Hardware-Unabhängigkeit, Portabilität und Offenheit:*
Hard- und Software sind voneinander unabhängig, so daß die Software auf verschiedenen Rechnern ablauffähig ist. Gleichzeitig können unterschiedliche Hard- und Softwareprodukte problemlos miteinander kombiniert werden, wodurch der Anwender nicht mehr auf einen bestimmten Hersteller festgelegt ist.

2. *Interoperabilität:*
Unterschiedlichen Systemtypen ist es möglich, Informationen auszutauschen, um zu kommunizieren und zu kooperieren.

3. *Berücksichtigung von Standards:*
Die Einhaltung von Standards ist eine Voraussetzung für die vorher genannten Eigenschaften; es ist aber außerdem eine homogene Bedienung der Software gefordert, um den Umgang mit unterschiedlichen Programmen zu erleichtern.

4. *Anpassungsfähigkeit:*
Offene Systeme sollen an neue technologische Entwicklungen anzupassen sein. Das ist zwar nur innerhalb gewisser Grenzen möglich, aber ein anzustrebendes und realisierbares Entwurfsziel. Insbesondere das Konzept der objektorientierten Programmierung ist dabei ein erfolgreicher Lösungsansatz, der in neueren Entwicklungen bevorzugt eingesetzt wird.

In der Realität werden offene Systeme nur approximiert; Wettbewerbs-, Markt- und Machtkämpfe verhindern deren tatsächliche Entwicklung. Trotzdem sind die Möglichkeiten geschaffen, Rechner zu verbinden, und dadurch Kommunikation und Kooperation zu realisieren. Die gefundene Lösung besteht in Übersetzungen zwischen den verschiedenen Rechnerwelten auf unterschiedlichen Systemebenen. Standards vermindern oder vermeiden den Übersetzungsaufwand, der natürlich immer Effizienzverlust und Kostensteigerung impliziert. Der bekannteste Standard im Bereich der Rechnernetze ist das OSI[20] -7-Schichten-Modell. Aufgrund seiner Verbreitung wird der Standard de facto allerdings von dem *Transmission Control Protocol / Internet Protocol* (TCP/IP) gestellt. Beide Kommunikationsprotokolle sind nach demselben Prinzip entworfen, unterscheiden sich aber genau wie die herstellerspezifischen Kommunikationsprotokolle[21] im Detail. Sie sind deshalb zueinander nicht kompatibel. Das OSI-Referenzmodell ist zur Zeit noch nicht vollständig,

---

[19] Vgl.*Gray, P.A.*: Open Systems, 1991, S. 25 - 29 und *Kemmler, K.*: Offene Systeme gibt es nicht, 1992, S. 66

[20] Open Systems Interconnection

[21] Z.B. SNA von IBM, DECNET von DEC, TRANSDATA von Siemens

da die Definitionen der zwei obersten Schichten noch zu ergänzen sind. In anderen Aspekten hingegen stellen Vorschläge aus dem OSI-Modell bereits Normen, wie z.B. die X.25-Empfehlung zur Paketdatenvermittlung des *Comité Consultatif International Télégraphique et Téléphonique* (CCITT).[22] Der Kern sowohl des Referenzmodells als auch der sonstigen verbreiteten Kommunikationsstandards besteht darin, den Kommunikationsvorgang in Teilschritte aufzugliedern und die Funktionen bestimmten Schichten zuzuordnen.[23] Innerhalb der Schichten ist eine sogenannte Instanz für je einen Kommunikationsvorgang zuständig; sie kommuniziert mit ihrer Partnerinstanz in der gleichen Schicht auf dem entfernten Rechner. Für diese Kommunikationsbeziehungen definiert das Referenzmodell Protokolle. Die Schichten bauen logisch aufeinander auf in der Form, daß die Funktionen oder Dienste einer Schicht unter Verwendung der Dienste der darunterliegenden Schicht realisiert werden. Die oberen Schichten greifen also auf die unteren Schichten zu, erhöhen aber gleichzeitig den Wert der Dienste aus den untergeordneten Schichten. So kann beispielsweise ein fehleranfälliger Übertragungsdienst durch eine Fehlerkontrolle in einer höheren Schicht bei Bedarf ergänzt werden. Zugang zu den angebotenen Diensten erhält die nachfragende Instanz über wohldefinierte Schnittstellen, die sogenannten *Service Access Points* (SAP). So sind im ISO-Dokument 7498 die von den Schichten anzubietenden Dienste, die Schnittstellen zwischen den Schichten und die Protokolle zur Kommunikation beschrieben. In welcher Form die Funktionen zu realisieren und zu implementieren sind, ist hingegen nicht Gegenstand des Referenzmodells.

Der aktuelle Zustand der Rechnervernetzung und Integration der isolierten rechnergestützten Informationssysteme in den Unternehmen ist bezüglich R. L. Nolans Phasenkonzept der vierten Stufe zuzuordnen. Lösungen zur Vernetzung der Rechner, als Voraussetzung zur Integration in ein Gesamtsystem, sind geschaffen und werden auch bereits vielfach eingesetzt. Rechner von Unternehmensbereichen werden zu *Local Area Networks* (LAN) verbunden, die LANs sind über *Bridges*[24] oder *Router* zu *Extended Local Area Networks*

---

[22] Vgl. *Kistner, B.*: ISO-Architekturmodell, 1980, S. 122

[23] Für die folgende kurze Beschreibung des ISO/OSI-Referenzmodells vgl. *Effelsberg, W. / Fleischmann, A.*: Das ISO-Referenzmodell für offene Systeme und seine sieben Schichten, 1986, S. 280 - 299 und *Kauffels, F-J.*: Lokale Netze, 1991, S. 51 - 54

[24] *Bridges, Router* und *Gateways* dienen der Rechnernetzkopplung. Dabei können *Bridges* nur gleichartige Netze zusammenschließen, weil sie nur eine Verbindung über die Sicherungs- und die Bitübertragungsschicht bereitstellen und sonst keine weiteren Protokolltransformationen vornehmen. Ein *Router* setzt auf der Netzwerkschicht auf und übernimmt Adressierung und Wegewahl. *Router* ist zwar eine geläufige Bezeichnung, aber kein ISO-konformer Begriff. *Gateways* verbinden heterogene Netze. Vgl. *Black, U.*: TCP/IP and Related Protocols, 1992, S. 35

I. Neue Anforderungen an das Informationsmanagement

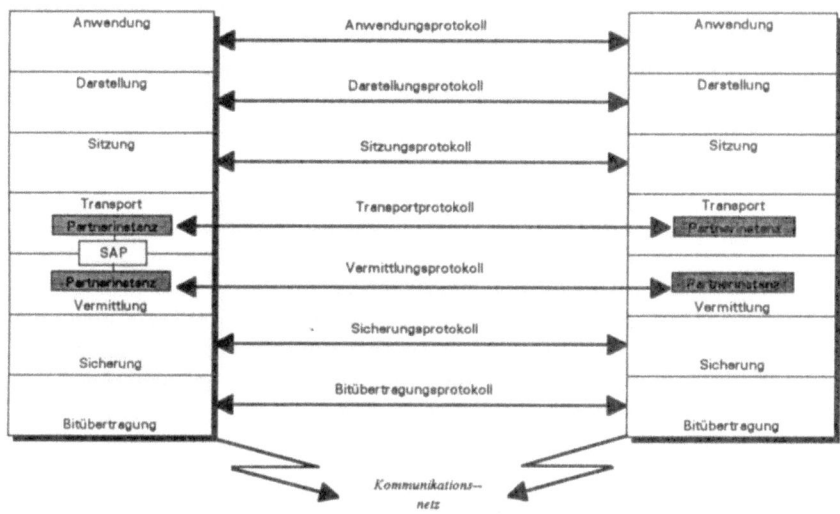

Abbildung A-1.: Das ISO/OSI-Schichtenmodell

(ELAN) zusammengeschlossen und *Gateways* ermöglichen den Zugang zu *Wide Area Networks* (WAN). Die Vernetzung von Rechnern - von der Auswahl der Kommunikationsprotokolle über die Verkabelung und Kopplung bis zur Installation des Netzwerk-Betriebssystems und des Netzwerk-Managements - ist immer eine komplexe Aufgabenstellung, für deren Bewältigung aber mittlerweile Know-how und Erfahrung vorhanden sind. Fehlt das notwendige Expertenwissen innerhalb der Unternehmen selbst, so ist es zu beschaffen. Es hat sich bereits eine große Zahl an Dienstleistern auf dieses Beratungssegment spezialisiert. Mit 76% Umsatzwachstum pro Jahr ist es das am schnellsten wachsende Marktsegment im EDV-Bereich der neunziger Jahre.[25]

Der Engpaß liegt also nicht mehr bei der technischen Integration, der Engpaß betrifft die Integration der Anwendungen. Kern des Lösungsansatzes ist ein ausgereiftes Datenmanagement, zumeist auf der Grundlage von Datenbanken. Eine echte Systemintegration muß aber über eine reine Datenintegration hinausgehen. Die Anwendungen kooperieren nämlich nicht mehr lediglich durch bloßen Datenaustausch, sondern laufen eng verzahnt durch Interprozeß-

---

[25] Vgl. *Schmid-Heizer, H.*: Corporate Network - Eine Herausforderung für die 90er Jahre, 1992, S.23

Kommunikation miteinander ab. Für die unternehmerische Praxis ist das jedoch noch eine Zukunftsvision, weil gerade erst damit begonnen wird, die Anwendungen darauf auszulegen. Die Idee ist nicht neu. Ansätze sind bereits in den früheren Transaktions-Management-Systemen oder den Transaktions-Monitoren[26] zu finden. Auf-grund der Integration der Arbeitsabläufe von unterschiedlichen Rechnern erhält die Problematik aber neue Brisanz. Eine Vorreiterrolle übernimmt auch hier wieder der UNIX[27] -Standard mit dem *Remote Procedure Call* (RPC)-Protokoll, das auch von TCP/IP unterstützt wird. Anwendungen, die sich an diesen Entwurfsvorschlag halten, können über einen RPC-Aufruf kooperieren.

Den neuen Entwicklungen in der Software-Architektur muß ebenso ein neuer Entwurf des Informationssystems folgen, um die strategischen Vorteile realisieren zu können. Das Informationssystem ist als ein verteiltes Ganzes neu zu gestalten, unter Berücksichtigung zukünftiger, sich abzeichnender Entwicklungen.

3. Verteilte versus dezentrale Informationssysteme

Ein klassisches Entscheidungsproblem des Informationsmanagements besteht in der Frage nach der Zentralisierung oder der Dezentralisierung eines Rechnersystems. Tatsächlich ist die dezentrale Informationsverarbeitung in der Praxis jedoch bereits soweit fortgeschritten, daß sich die Frage nach den Alternativen in dieser Form nicht mehr stellt. Damit soll nicht geleugnet werden, daß es Anwendungen gibt, für die es vorteilhaft oder sogar notwendig ist, zentral verarbeitet zu werden. Das kann aus organisatorischen Gründen der Fall sein, bedingt durch Sicherheitsanforderungen oder weil die Prozessor- und Speicherleistung eines Großrechners benötigt wird. Bei der Konstruktion von Informationssystemen müssen jedoch bestehende dezentrale Rechner-Strukturen berücksichtigt werden, sollen nicht sämtliche in der Vergangenheit getätigten Investitionen verloren gehen. Das gebietet wirtschaftlich rationales Handeln. Trotzdem folgt daraus nicht zwingend, daß es langfristig nicht doch günstiger wäre, auf zentrale Rechenanlagen umzusteigen. Also müssen noch weitere Gründe als die Sicherung von Investitionen für die Installation von Rechnernetzen, dezentralen oder verteilten Systemen sprechen. Viele der Vorteile sind bereits durch den Einsatz dezen-

---

[26] Z.B. CICS von IBM, ACMS von DEC, TUXEDO von AT&T. Alle Produkte werden ständig erweitert und unterstützen bereits verteilte Anwendungen, sind jedoch auf die herstellereigenen Programme beschränkt. Vgl. *Yelavich, B. M.*: Customer Information Control System - An evolving system facility, 1985, S. 264 ff. und o.V.: Open Systems On-Line Transaction Processing, Computer Magazin Nr.3, 1991, S. 55

[27] UNIX ist ein eingetragenes Warenzeichen von AT&T Bell Laboratories

traler Hardware, die durch ein Kommunikations-Netzwerk verbunden ist, realisierbar, andere erfordern ein echtes verteiltes System.

Weil für verteilte Systeme keine einheitliche Definition existiert,[28] soll hier mit Hilfe des Systemansatzes die dezentrale Informationsverarbeitung abgegrenzt werden. Dabei ist es möglich, auf eine Begriffsdefinition aus dem Gebiet der Datenbanken zurückzugreifen[29] und eine Analogie zu verteilten Datenbank-Systemen und entfernten Datenbank-Zugriffen aufzustellen. Ein Informationssystem soll somit verteilt heißen, wenn ein logisch integriertes Anwendungssystem physisch auf mehrere Rechner verteilt ist. Logisch integriert bedeutet dabei einerseits, daß jeder Rechner über ein Netzwerk Zugriff auf die Funktionen und Dienste anderer Rechnerknoten hat, und andererseits, daß zwischen Anwendungen einzelner Rechner Abhängigkeiten bestehen. Ein verteiltes System ist aber nicht durch ein Rechnernetz charakterisiert, in dem dezentrale Rechner auf entfernte Datenbanken zugreifen und in dem mit Electronic-Mail kommuniziert werden kann. Kernstücke eines verteilten Systems sind die logische Einheit, das gemeinsame Ziel aller am System beteiligten Elemente und deren Kooperation zur Zielerreichung. Daraus ergeben sich folgende Eigenschaften, die ein verteiltes System ausmachen:[30]

1. Eine modulare Hard- und Softwarestruktur

Das System muß aus mehreren unabhängigen, physikalisch verteilten Prozessoren mit jeweils eigenem Hauptspeicher bestehen, die über ein Kommunikations-Netzwerk miteinander verbunden sind. Neben der Hardware müssen auch System- und Anwendungsprogramme verteilt vorliegen, und das ist ausschließlich auf der Grundlage einer modularen Implementierung möglich. Diese modulare Architektur ist Voraussetzung für die Flexibilität und die hohe Verfügbarkeit, die verteilte Systeme bereitstellen.[31]

2. Ein gemeinsam genutztes Kommunikationssystem

Interprozeß-Kommunikation, Daten- oder Nachrichtenaustausch müssen in einem Kommunikations-Netzwerk ablaufen. Das Netzwerk ist eine wichtige Infrastruktur des verteilten Systems und beeinflußt entscheidend dessen Leistung. Eine andere Art des Nachrichtenaustausches nehmen eng gekoppelte Multiprozessor-Systeme vor, die über die Nutzung eines gemeinsamen Speichers kommunizieren. Solche Systeme werden hier nicht weiter betrachtet.

---

[28] Vgl. *Drobnik, O.*: Verteiltes DV-System, 1981, S. 274

[29] Vgl. *Bayer, R. / Elhardt, K. / Kießling, W. / Killar, D.*: Verteilte Datenbanksysteme, 1984, S. 1

[30] Vgl. *Sloman, M. / Kramer, J.*: Verteilte Systeme und Rechnernetze, 1989, S. 5

[31] Vgl. *Jablonski, S.*: Datenverwaltung in verteilten Systemen, 1990, S. 10

3. Eine systemübergreifende Kontrolle

Die Kontrolle ist dafür zuständig, die autonomen Rechner zu einem gemeinsamen System zu integrieren. Sie repräsentiert eine einheitliche Strategie, die vorgibt, auf welche Art das System zu nutzen ist, wie die Zugriffsrechte gestaltet oder Anfragen zu realisieren sind, welche Ressourcen zur Verfügung stehen etc. Auch die Kontrolle ist verteilt implementiert, sie liegt also auf jedem Knoten - nicht unbedingt identisch - vor. Damit sind sogenannte *Master-Slave*-Beziehungen ex definitione in verteilten Systemen ausgeschlossen; die Rechnerknoten sind demnach prinzipiell gleichberechtigt.

Schließlich gehört ein gewisser Grad an Ortstransparenz zu den Charakteristika verteilter Systeme. Dies ermöglicht die Nutzung des Systems ohne Kenntnisse der zugrundeliegenden Verteilung. Ein vollständig transparentes System zu fordern, das sich in jedem Fall trotz verteilter Hard- und Softwareressourcen wie eine zentrale Rechenanlage präsentiert,[32] ist zur Zeit noch unrealistisch. Dazu sind einerseits die Schwierigkeiten verteilter Systeme zu gravierend: erstens die Problematik der Datenkonsistenz, zweitens die Heterogenität der Systemelemente und drittens die diffizile Sicherung des Systems vor Mißbrauch.[33] Andererseits sind grundlegende Lösungen, wie z.B. verteilte Betriebssysteme, noch nicht ausgereift. Sie befinden sich aber immerhin in einem fortgeschrittenen Stadium der Forschung und Entwicklung.[34] Trotzdem verhindern die drei genannten kritischen Aspekte nicht, verteilte Systeme tatsächlich zu implementieren, weil ersatzweise Hilfsmittel eine zumindest zufriedenstellende Lösung ermöglichen.[35] So ist ein verteiltes Betriebssystem dadurch zu approximieren, daß den lokalen Betriebssystemen zusätzliche Kommunikationsfunktionen aufgesetzt werden.

Dem Aufwand, der notwendig ist, um ein verteiltes System zu planen, zu entwerfen und zu implementieren, stehen eine Vielzahl an quantitativen und qualitativen Vorteilen gegenüber.[36] Dazu gehören insbesondere die Flexibilität, die Lokalität und die Verfügbarkeit.

---

[32] Vgl. die Definition verteilter Systeme in: *Clark, M.*: Distributed computing systems, 1991, S. 271

[33] Vgl. *Jablonski, S.*: Datenverwaltung in verteilten Systemen, 1990, S. 6 f.

[34] Vgl. *Stumm, M.*: Verteilte Systeme: Eine Einführung am Beispiel V, 1987, S. 246 und *Jablonski, S.*, a.a.O., S. 39 ff.

[35] Vgl. dazu die ergänzenden Ausführungen in den Kapiteln B.II. und B.III.

[36] Zu den im folgenden beschriebenen Vorteilen vgl. z.B. *Sloman, M. / Kramer, J.*: Verteilte Systeme und Rechnernetze, 1989, S. 6 ff., *Cypser, R.J.*: Communication Architecture for Distributed Systems, 1978, S. 75 ff und *Müller, S.*: Lokale Netze - PC-Netzwerke, 1991, S. 2

Verteilte Systeme sind in zweifacher Hinsicht besonders flexibel. Erstens ist ihre Funktionalität einfach zu ergänzen, indem Komponenten mit speziellen Eigenschaften - z.b. ein Vektorrechner oder eine CNC-Maschine - integriert werden können. Zweitens ist es möglich, aufgrund der modularen Architektur verteilter Systeme, die Gesamtkapazität des Systems inkrementell zu erhöhen. Dadurch können Investitionen erst bei tatsächlich vorliegendem Bedarf getätigt werden, und dem monetären Vorteil der hohen Skalenerträge von zentralen Anlagen wird gleichzeitig ein finanzwirtschaftliches Argument entgegengesetzt. Verteilte Systeme stellen somit eine hohe qualitative und quantitative Kapazität bereit.

Das Prinzip der Lokalität hat vielfältige Auswirkungen. Spezialanwendungen, die vor Ort laufen, und lokale Intelligenz, z.B. in der Fertigung, verbessern das Zeitverhalten des Systems und erhöhen die Autonomie der Subsysteme. Schnellere Antwortzeiten kommen insbesondere stark interaktiven Anwendungen sowie Anweisungen, die auf kritische Informationen reagieren müssen, zugute. Beide Anwendungsklassen profitieren gleichfalls von der höheren Unabhängigkeit der Teilsysteme, in denen sie ablaufen. Zum einen sind weitgehend autonome Teilbereiche zuverlässiger als solche, die häufig auf Ressourcen aus benachbarten Subsystemen zugreifen müssen. Zum anderen unterstützt die Lokalität die organisatorische Abgrenzung. Abteilungen zeichnen für bestimmte Rechner und Applikationen verantwortlich. Das 'Bereichsdenken' und der oftmals vorhandene 'Abteilungsegoismus' werden durch die Lokalität zwar unterstützt, da die Teilbereiche in einem verteilten Informationssystem aber informationstechnisch integriert sind, werden die Nachteile der Isolation abgefangen. Lokal bereitgestellte Dienste und Daten sind unternehmensweit verfügbar, Doppelerfassungen werden vermieden und somit Kosten eingespart. Unternehmensweit verfügbare Daten und Informationen eröffnen ein breites Spektrum von Verbesserungsmöglichkeiten. Szenarien von effizienten Arbeitsabläufen über abgeflachte Organisationshierarchien, bedingt durch den Abbau von Informationsmonopolen, bis zu veränderten Kompetenzstrukturen sind denkbar.[37]

Einen völlig andersartigen Nutzen erwirtschaften verteilte Systeme durch ihre, im Gegensatz zu zentralen oder auch dezentralen Systemen, verbesserte Verfügbarkeit. Die Verfügbarkeit eines Systems läßt sich erhöhen, indem die Folgen des Fehlverhaltens von Systemelementen möglichst begrenzt werden. In einem verteilten Informationssystem sind die Auswirkungen von Fehlern einerseits dadurch zu reduzieren, daß die anfallende Arbeit geschickt auf mehrere Prozessoren verteilt wird, und andererseits durch das Vorhalten redundanter Kapazitäten. Fällt eine Einheit des verteilten Systems aus, ist dann

---

[37] Vgl. *Berthel, J.*: Generelle oder individuelle Management-Informationssysteme, 1971, S. 325 und *Fuchs, J.*: Das Ende der Informationsblockaden, 1992, S. 6 f.

nicht wie im Fall einer zentralen Rechenanlage der gesamte Rechenbetrieb betroffen, sondern nur ein Teil der Arbeit, der bestenfalls sogar vollständig von anderen Komponenten übernommen werden kann. Dieser Sachverhalt wird als *gracefull degradation* bezeichnet.

Am Ausmaß der erhöhten Verfügbarkeit, im Vergleich zur zentralen Datenverarbeitung, tritt nochmals der Unterschied zwischen verteilten und dezentralen Systemen deutlich hervor. Auch dezentrale Systeme können dank ihrer modularen Hardware-Konfiguration in einfacher und kostengünstiger Weise redundante Kapazitäten bereitstellen. So ist es beispielsweise möglich, durch den Einsatz von mehreren preiswerten Computern 10 - 20% Prozessorredundanz zur Verfügung zu stellen, während bei einzelnen Großrechnern nur eine Verdopplung, also 100% Redundanz, zu realisieren ist. Die negativen Konsequenzen, die sich aus dem Ausfall einer Komponente ergeben, sind aber ebenso durch gewollte und wohlüberlegte Daten- und Programmreplikation zu mildern. Entwurfsentscheidungen dieser Art erfordern zwingend, das gesamte System auf sämtlichen Ebenen zu betrachten und zu optimieren, also ein verteiltes System zu entwerfen. Hohe Verfügbarkeit dank mehrfach vorgehaltener Hard- und Software zu erreichen, ist ein diffiziles Entwurfsproblem. Durch Arbeitsaufteilung und redundante Komponenten lassen sich die Auswirkungen von Ausfällen zwar begrenzen, gleichzeitig steigt jedoch die zu verwaltende Komplexität des Systems und die Wahrscheinlichkeit des Ausfalls von Hard- oder Software.[38]

Die angesprochene Lastverteilung, die einen wichtigen Beitrag leistet, Folgen von Fehlern zu begrenzen, kann gleichfalls dazu genutzt werden, die Leistung des Systems zu steigern. Dies geschieht entweder durch Parallelverarbeitung oder durch dynamische Lastzuweisung. Beide Ansätze kommen zur Zeit in der Praxis nur stark eingeschränkt zum Einsatz, da noch zahlreiche Probleme in diesen Feldern ungelöst sind. In vielen Fällen übersteigt die Komplexität paralleler Algorithmen und der Verfahren zur dynamischen Lastzuordnung ein handhabbares Maß.

Nicht zu vernachlässigen sind schließlich die, im Vergleich zu isolierten *Stand-alone*-Rechnern, einfach zu realisierenden Vorteile verteilter und dezentraler Systeme. Dazu gehören das sogenannte *Resource-Sharing* - das ist die Möglichkeit, Drucker, Plotter, Platten etc. mit mehreren Anwendern zu teilen, - oder das Potential zur Kostensenkung zwischen 20 und 30% beim Einsatz von Software mit Netzwerklizenzen.[39]

---

[38] Vgl. *Scherr, A. L.*: Distributed data processing, 1978, S. 327

[39] Vgl. *Buck, K.*: Heterogene Computerwelten arbeiten im Verbund, 1991, S. B 6

Nicht immer sind sämtliche Vorteile in einem verteilten System zu realisieren. In manchen Fällen können sogar gegenteilige Effekte entstehen. Z.B. weisen lokale Rechner nur dann ein verbessertes Zeitverhalten auf, wenn die Funktionen auch auf sie zugeschnitten sind und ihre Leistung nicht durch häufigen Zugriff auf eine entfernte, überlastete Datenbank vermindert wird oder eine Zusammenarbeit mit einem langsameren Prozessor notwendig ist.[40] Solche Effekte ergeben sich aus der Tatsache, daß eine Anwendung mehrere Rechnerknoten berühren kann. Sie sind durch einen sorgfältigen Entwurf des Systems vorwegzunehmen und zu minimieren.

II. Einsatzmöglichkeiten verteilter Informationssysteme in betrieblichen Bereichen

Letztendlich ist ein anzustrebende Ziel, das gesamte Unternehmen mit allen seinen Bereichen informationstechnisch zu integrieren. Inwieweit dieser 'Idealzustand' zu erreichen ist, bleibt abzuwarten; bisher sind die Integrationsbemühungen erst im Anfangsstadium. Das gilt sogar für den Produktionsbereich - trotz der schon etliche Jahre währenden intensiven CIM-Diskussion. Allein die Interdependenzen zwischen Betriebsbereichen überhaupt zu erkennen und zu lokalisieren ist schon schwierig, diese auch noch zu quantifizieren und in Modellen abzubilden bis sie schließlich in einem Informationssystem übernommen werden können, ist unternehmensweit zur Zeit noch nicht realisierbar. Der Stand der Integration repräsentiert immer einen Kompromiß zwischen Effizienz und Komplexität.

Auf den ersten Blick mag überraschen, daß oftmals zwischenbetriebliche Verbindungen, z.B. zu Zulieferern, weiter verbreitet sind.[41] Bei genauerem Hinsehen stellt sich jedoch heraus, daß die zwischenbetrieblichen Berührungspunkte erstens seltener und zweitens präziser zu definieren sind als die innerhalb eines Unternehmens. Da weiterhin die technische Verbindung zwischen Betrieben auch keinen Engpaß mehr darstellt, ist der überbetriebliche Datenaustausch mit Kunden und Zulieferern durchaus üblich. Problematisch sind dabei vor allem die einheitlichen Datenformate, denen die Standardisierungsbestrebungen gelten.

Innerhalb der Unternehmen haben insbesondere das Rechnungswesen, die Produktion und die Administration von der Computertechnik profitiert. Eine Vielzahl von Arbeitsabläufen ist automatisiert, rationalisiert und bestenfalls

---

[40] Vgl. *Cypser, R.J.*: Communications Architecture for Distributed Systems, 1978, S. 76

[41] Für Beispiele zu zwischenbetrieblichen Informationssystemen vgl. *Doch J.*: Zwischenbetrieblich integrierte Informationssysteme, 1992, S. 10-14

auch optimiert. Sie sind aber unabhängig voneinander, zeitversetzt und unter Einsatz unterschiedlicher Techniken transformiert worden. Vorläufig wird deshalb angestrebt, innerhalb der einzelnen Bereiche ein zusammenhängendes System zu schaffen oder auch zwischen den betrieblichen Bereichen, wenn die Schnittstellen klar sind. Das ist im allgemeinen auch zwischen der Materialwirtschaft und der Fakturierung oder zwischen der Produktionssteuerung und der Lohnabrechnung der Fall. Ist das Unternehmensgeschehen anhand des Informationsflusses abgebildet, treten die Bereichsgrenzen zwangsläufig in den Hintergrund.

1. Verteilte Produktionsinformationssysteme

Die Produktion ist der am stärksten von der Rechnerautomation durchdrungene Bereich in Industrieunternehmen. Das gilt sowohl für das Gebiet der Produktionstechnik als auch für die betriebswirtschaftlich-planerischen Funktionen; Aufgabenstellungen entlang der gesamten Wertschöpfungskette sind betroffen. Zusätzlich wirken veränderte Umweltbedingungen stark auf die in der Produktion gesetzten Ziele ein. In bezug auf Flexibilität und Adaptibilität werden deshalb erhöhte Anforderungen an Produktionsplanungs- und -steuerungssysteme gestellt:

Erstens sollen sie sich an veränderte Marktsituationen anpassen können, was umso bedeutender ist, je enger die Kunden- oder Lieferantenbeziehungen ausgestaltet sind. Das Zielsystem an gewandelte Rahmenbedingungen anzugleichen, ist keine banale Aufgabe, da die Produktionsplanung von klassischen Zielkonflikten geprägt ist. Die verschobene Gewichtung, weg von einem hohen Auslastungsgrad, hin zu kurzen Lieferzeiten mit hoher Termintreue und niedrigen Beständen, ist eine neue Herausforderung.[42]

Zweitens müssen sowohl neue Planungs- und Steuerungskonzepte, wie beispielsweise die *Just-in-time*-Fertigung,[43] die belastungsorientierte Auftragsfreigabe[44] oder das Konzept der *Lean-Production*[45], als auch innovative Produktionstechniken mit dem PPS-System zu verwalten sein. Zu den in diesem Zusammenhang am stärksten beachteten Techniken gehören in jüngster Zeit die *Flexiblen Fertigungssysteme*, die Robotertechnik, die *Fahrer-*

---

[42] Vgl. *Wiendahl, H.-P.*: Belastungsorientierte Fertigungssteuerung, 1987, S. 17

[43] Zu Typen von JIT-Ansätzen vgl. *Wildemann, H.*: JIT trends in West Germany, 1986, S. 14 ff

[44] Vgl. u.a. *Wiendahl, H.-P.*: a.a.O., S. 206-213, *Adam, D.*: Probleme der belastungsorientierten Auftragsfreigabe, 1988, S. 98-115. und *Wiendahl, H.-P.*: Erwiderung: Probleme der belastungsorientierten Auftragsfreigabe, 1988, S. 1224-1227

[45] Vgl. z.B. *Hentze, J. / Kammel, A.*: Lean Production, 1992, S. 320 - 324

losen Transportsysteme und alle Arten von NC-Maschinen. Diese Techniken ziehen wiederum neue Planungsverfahren nach.

Drittens sind schnelle Reaktionsmöglichkeiten im Störungsfall notwendig und **viertens** muß das PPS-System flexibel genug sein, um mit zusätzlichen Funktionen in Richtung CIM ausgebaut werden zu können.[46]

Zu den Entwicklungstendenzen, die eine Antwort auf die gestellten Ansprüchen sind, gehören:

(1) Der Einsatz kleinerer Rechner im Dialogbetrieb in Werkstattnähe.

(2) Die Integration der teilautomatisierten Bereiche der Fertigung zu über- und untergeordneten Rechnersystemen.

(3) Ein zunehmendes Angebot an Standard-Software, inklusive ausgereifter Datenbank-Lösungen.

(4) Der konsequente Ausbau der Betriebsdatenerfassung (BDE) möglichst nahe am Ort des Ereignisses.

(5) Das Bestreben, organisationstechnisch kleinere geschlossenere Verantwortungsbereiche, vorzugsweise als Regelkreise, zu bilden.[47]

Die genannten Ansätze stehen zueinander in Beziehung und ergeben erst dann einen wirtschaftlich bedeutenden Vorteil, wenn sie auch koordiniert durchgeführt werden.

Die moderne Produktion ist idealerweise als verteiltes System zu konzipieren: dezentral aufgrund der unterschiedlichsten Ansprüche sowie der organisatorischen und technischen Zwänge, gleichzeitig aber integriert in ein übergeordnetes System. So können einerseits die Vorteile der Rationalisierung ausgeschöpft, und andererseits manche neuen Verfahren überhaupt erst implementiert werden. Die direkten Einsparungen ergeben sich dadurch, daß die Integration zum einen vermeidet, Teilvorgänge der Informationsverarbeitung mehrfach durchzuführen, und zum anderen erreicht, arbeitsteilige Prozesse zu vereinen. Die Zahl der Schnittstellen, an denen immer Friktionen entstehen können, wird so minimiert.[48]

---

[46] Vgl. *Raether, C.*: Kurzfristige Fertigungssteuerung in teilautonomen Fertigungsbereichen, 1991, S. 256

[47] Vgl. *Wiendahl, H.-P.*: Belastungsorientierte Fertigungssteuerung, 1987, S. 42 f., *Abeln, O.*: Die CA..-Techniken in der industriellen Praxis, 1990, S. 444 f. und *Lebrecht, A.*: Anwendung des CIM-Konzeptes auf PPS im DV-Betrieb, 1991, S. 34

[48] Vgl. *Griese, J. / Kurpicz, R.*: Die Integration von DV-Anwendungen bei kleinen und mittleren Unternehmen, 1984, S. 353 und *Bönke, D.*: Computer Integrated Manufacturing, 1992, S. 59

Bei der Konzeption eines verteilten Systems ist es deshalb notwendig, parallel zur Kommunikationstechnik die Ablauforganisation zu überdenken. Schließlich sind neben den Daten- und Informationsflüssen auch die Materialflüsse betroffen. Ein *Flexibles Fertigungssystem* erbringt beispielsweise erst dann seine volle Leistung, wenn es auch in einer flexiblen Produktionsumgebung eingesetzt wird und mit dieser einen offenen Datenaustausch führt.[49] Der Verbund über ein Netzwerk ist Voraussetzung, um die Wartezeiten am Eingang des Flexiblen Fertigungssystems zu verkürzen und so die Vorteile der Flexibilisierung an die nächsten Produktionsstufen weiterreichen zu können.

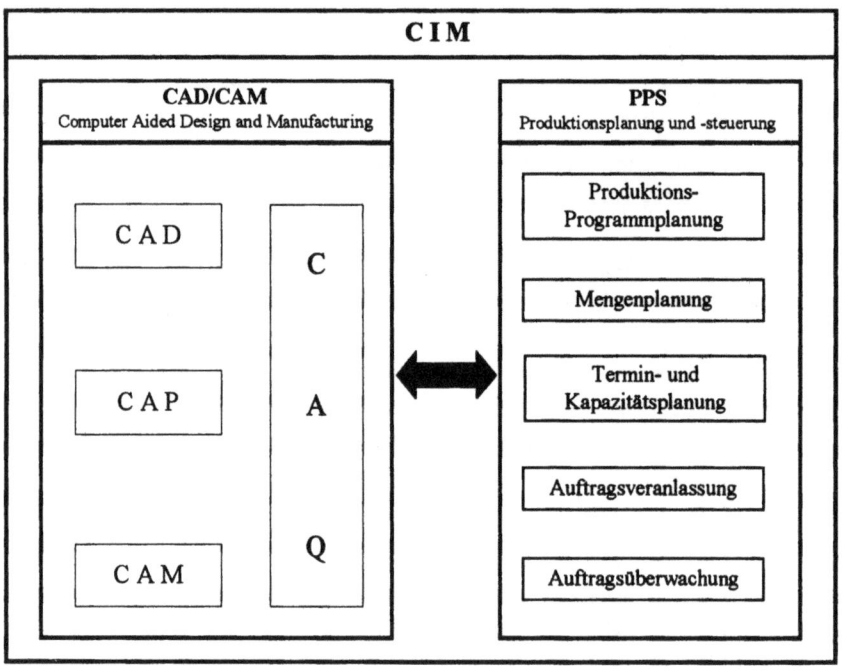

Abbildung A-2.: CIM-Definition nach AWF[50]

---

[49] Vgl. *Hirt, K. / Reineke, B. / Sudkamp, J.*: FFS-Organisation, 1991, S. 25

[50] *AWF*: AWF-Empfehlungen. Integrierter EDV-Einsatz in der Produktion, 1985, S. 10

Obwohl ein derart umfassendes komplettes CIM-System in der Praxis noch nicht existiert, eignet sich diese vorläufig theoretische Konzeption sehr gut dafür, ein verteiltes System zu beschreiben. Gleichwohl faßt die Wissenschaft den CIM-Begriff unterschiedlich weit, je nach Anzahl der integrierten Funktionen.[51] In Anlehnung an die Definition des AWF bezieht sich das *Computer Integrated Manufacturing* (CIM) auf die rechnerunterstützte und integrierte **Fabrikation** eines Produktes. CIM integriert die beteiligten Bereiche bezüglich ihrer Informationsverarbeitung und ihres EDV-Einsatzes. "Es gehören dazu die Aufgabenfelder Entwicklung und Konstruktion mit ihrem EDV-gestützten *Computer Aided Design*, die Arbeitsplanung mit ihren CAP-Systemen, die Produktionsplanung und Produktionssteuerung mit ihren PPS-Verfahren, die Teilefertigung, Montage, Lagerung, der Transport, d.h. die gesamte Fabrik- und Werkstattsteuerung, auch kurz *Computer Aided Manufacturing* genannt. Begleitend zu allen Teilsystemen steht die Qualitätssicherung mit ihren CAQ-Systemen."[52]

Die nach der CIM-Definition vom AWF integrierten Funktionen betreffen direkt die Vorgangskette, die ein Kundenauftrag bis zur Fertigstellung durchläuft. Der Kundenauftrag fungiert als Eingabe in das PPS-System. Ist das gewünschte Produkt dem System nicht bekannt, schickt es einen Konstruktionsauftrag an die Abteilung Produktentwicklung, in welcher der Auftrag mit Hilfe der CAD-Funktionen bearbeitet wird. Nach Abschluß der Entwicklungsarbeiten übergibt das CAD-System die Geometrie- und Materialdaten an die Arbeitsplanung (CAP). Dort fallen zwei Aufgaben an: erstens generiert das System die zugehörigen Arbeitspläne, die das PPS-System zur späteren Produktionsplanung benötigt, und zweitens sind CAP-Systeme zum Teil bereits in der Lage, aus den Eingabedaten automatisch die entsprechenden NC-Programme zu erstellen. Für das PPS-System ist der Kundenauftrag nun vollständig beschrieben und wird eingeplant. Dazu durchläuft er die Module Produktionsprogramm-Planung, Mengen-Planung sowie die Termin- und Kapazitäts-Planung. Innerhalb eines vorbestimmten Zeithorizontes wird der eingeplante Auftrag schließlich an die Produktionssteuerung übergeben, die sich in die Phasen Auftragsveranlassung und Auftragsüberwachung untergliedert.[53]

---

[51] Zu den unterschiedlichen Definitionen vgl. *Kurrle, S.*: Integration von Informations- und Produktionstechnologien im Industriebetrieb, 1988, S.: 274 ff.

[52] *Abeln, O.*: Die CA..-Techniken in der industriellen Praxis, 1990, S. 435

[53] Zu der CIM-Ablaufsbeschreibung vgl. *Jablonski, S. / Reinwald, B. / Ruf, T.*: Eine Fallstudie zur Datenverwaltung in CIM-Systemen, 1991, S. 72. und zu den Komponenten eines PPS-Systems vgl. *Hackstein, R.*: Produktionsplanung und -steuerung, 1984, S. 19

In den einzelnen Phasen differieren die Ansprüche an Rechner, Datenspeicherung und Programme. Die computergestützte Konstruktion verarbeitet komplexe Datenobjekte, für die sich in naher Zukunft der Einsatz objektorientierter, nicht-normalisierter Datenbanken anbieten wird. CAP basiert auf verschiedenen Datenmodellen, i.d.R. mit flachen Relationen. Bei PPS genügen einfache, aber große Datenmodelle, bei denen es problematisch ist, die Konsistenz sicherzustellen. Hinzu kommt ein unterschiedlicher Bedarf an Rechnerleistung und Echtzeitfähigkeit.

Die unterschiedlichen Aufgabeninhalte beeinflussen die Kommunikationsarchitektur. In der Fertigung müssen maximale Antwortzeiten garantiert werden können, weshalb meistens ein *Token*-Zugriffsverfahren[54], zusammen mit zuverlässigen Übertragungskanälen, im Kommunikationssystem installiert wird. Anders im CAD, wo es zwar um schnelle Antwortzeiten geht, die aber eher durch hohe Rechnerleistungen zu erbringen sind. In der Produktionsplanung hingegen genügt es, die meisten Probleme über *Batch*-Programme zu lösen.

Die Steuerung der Produktion ist eine komplizierte Aufgabe, die situativ angepaßt zu erfolgen hat. Die Organisationsprinzipien der Fertigung weisen gravierende Unterschiede auf, weshalb eine Vielzahl an Leitstandkonzepten, Auftragsfreigabe- und -übergabeverfahren, Überwachungsmethoden etc. existiert. Als Maßstab für die Güte der Produktionplanungs- und -steuerungssysteme gilt allein schon der Grad, mit dem diese unterschiedlichen Aufgabeninhalte integriert sind.[55] In ihrer Gesamtheit sind die beschriebenen Aufgaben und Arbeiten so verschieden, daß bei Rechnerunterstützung ein verteiltes System zu rechtfertigen ist. Ein verteiltes System zu erstellen, das die vom AWF definierten CIM-Teilkomponenten verbindet, ist allerdings bereits sehr kompliziert. Die gesamte Logistikkette von der Materialbeschaffung bis zur Entsorgung zu integrieren, ist deshalb zwar wünschenswert, aber noch nicht praktikabel.

Eine automatisierte Produktion durchläuft i.d.R. - es sein denn, sie entsteht ´auf der grünen Wiese´, ohne an alte Strukturen gebunden zu sein - die typischen Stufen gewachsener Informationssysteme. Die Entwicklung verläuft von den sogenannten *Stand-alone*-Systemen über bereichsintegrierende und bereichsübergreifende Lösungen bis hin zu, idealiter, unternehmensweiten Informationssystemen.[56] In der Produktion sind isolierte, bereichsintegrie-

---

[54] Zur Erläuterung des Token-Zugriffsverfahren siehe S. 87

[55] Vgl. *Geitner, U.W.*: Betriebsinformatik für Produktionsbetriebe, Bd. 1, 1983, S. 80

[56] Vgl. *Bullinger, H-J. / Niemeier, J.*: Informationsmangement und Computer Integrated Business - eine Einführung, 1991, S. 30

rende sowie auch produktionsübergreifende Informationssysteme zu finden. Am häufigsten sind bislang noch die isolierten Teilinformationssysteme vertreten, bei denen, bezüglich der Häufigkeit ihres Vorkommens, installierte CAD- und PPS-Systeme die Mehrheit bilden.[57] Infolgedessen sind es vorzugsweise CAD und PPS, die informationstechnisch zusammengeführt werden. Weiterhin sind Installationen, die Betriebsdatenerfassungs-Systeme mit der Produktionsplanung und -steuerung verbinden, weit verbreitet.[58]

Die Fertigung selbst - bevorzugter Gegenstand von Rationalisierungsmaßnahmen - ist ein Musterbeispiel für erfolgreiche bereichsintegrierende Konzepte. Die Notwendigkeit, in der Produktion stark unterschiedliche Hardware, insbesondere verschiedene Rechner und fertigungstechnische Komponenten - wie z.B. *Robotic Control* (RC), *Numerical Control* (NC) oder *Programmable Logic Control* (PLC) - zu einem Informations-Netzwerk zu verbinden, führt Anfang der achtziger Jahre zu einer Kooperation von siebzehn großen Herstellern der Computer- und Automatisierungsindustrie. Ziel der Forschungskooperation ist, eine standardisierte Kommunikationsarchitektur zu entwickeln. Das Ergebnis des von General Motors angeführten Projektes ist die Protokollspezifikation *Manufacturing Automation Protocol* (MAP), die mittlerweile schon in der Praxis erfolgreich zum Einsatz kommt und zudem ständig ergänzt und weiterentwickelt wird. Die MAP-Spezifikation basiert auf dem ISO/OSI-Referenzmodell für Netzwerke. Dabei kommt insbesondere der obersten Schicht, der Anwendungsschicht, hohe Bedeutung zu, weil die OSI-Empfehlungen für diese Schicht noch nicht abgeschlossen sind. Vornehmlich in der Definition einer einheitlichen Syntax, dem sogenannten *Manufacturing Message Format Standard* (MMFS)[59] , war MAP dem ISO/OSI-Standard einen großen Schritt voraus. Inzwischen hat die ISO/OSI-Kommission allerdings diese Syntax-Definition mit der *Abstract Syntax Notation One* (ASN.1)[60] nachgeholt, an die MMFS nun angepaßt wird.[61]

Trotz des hohen Aufwandes, der betrieben wurde, um mit MAP einen einheitlichen Standard zu entwickeln, existieren außerdem noch weitere Normierungsvorschläge für die Fertigungsautomation. Aus Europa stammt bei-

---

[57] Vgl. *Stanek, J. / Lüthi, A. / Schaller, T.*: Markstudie: Stand der CA-Techniken, 1992, S. 55

[58] Vgl. *Stanek, J. / Lüthi, A. / Schaller, T.*: a.a.O., S. 56 und zur CAD-PPS-Kopplung vgl. *Schade, K.-G. / Maurer, R.*: Integrierte generalisierte Bedieneroberfläche zwischen CAD und PPS, 1992, S. 59

[59] Vgl. *Schümmer, M.*: Manufacturing Message Specification MMS/RS-511, 1988, S. 209 ff.

[60] Vgl. *Gora, W. / Speyerer, R.*: ASN.1, 1988, S. 207 ff.

[61] Zur MAP-Beschreibung vgl. *Gora, W.*: MAP, 1986, S. 40 ff. und *Hollingum, J.*: Implementing an Information Strategy In Manufacture, 1987, S. 93 ff.

spielsweise die *Communication Network for Manufacturing Applications-Specification* (CNMA), die zur MAP in direkter Konkurrenz steht.[62] Etwas anders verhält es sich mit dem Profibus, einer deutschen Entwicklung. Er beschränkt sich auf die Kopplung von Feldelementen (Aktoren, Sensoren) mit den steuernden Einheiten (u.a. SPS-, CNC-Maschinen) und ist in den übergeordneten Ebenen in den MAP-Standard integrierbar.[63]

Inhaltlich analog und zeitlich parallel zu MAP wird bei Boeing an einer offenen Architektur für die Bürokommunikation gearbeitet, die inzwischen unter dem Namen *Technical Office Protocol* (TOP) zum Standard avanciert ist.[64] Da TOP ebenso wie MAP auf dem OSI-7-Schichten-Modell aufsetzt und sich die MAP- und TOP-Spezifikationen ausschließlich in den Schichten 1 und 7 voneinander unterscheiden, sind beide Protokollwelten problemlos vereinbar. Die bestehenden Differenzen in Schicht 7 sind dabei anwendungsbedingt, die in Schicht 1 resultieren aus den Echtzeit-Anforderungen der Fertigung, für die im Bürobereich kein Bedarf existiert.[65] Aufgrund der deshalb relativ einfach zu realisierenden Kompatibilität der beiden Protokolle, bilden sie eine mögliche Basis für eine bereichsübergreifende Integration von Informationssystemen.

Der voneinander abweichende Bedarf an Rechnerart und -leistung von dem Produktentwurf über den Produktionsplan bis zur Produkterstellung ist oftmals am besten über ein hierarchisches Rechnersystem zu befriedigen.[66] Dessen Struktur läßt sich grundsätzlich in eine strategische, eine taktische und eine operative Führungsebene einteilen, die bei Bedarf noch weiter zu untergliedern sind. Der strategischen Ebene sind die Planungsfunktionen im weitesten Sinne zugeordnet: so etwa die Grunddatenverwaltung, die lang- und mittelfristige Produktionsplanung, die Produktkonstruktion sowie zentrale betriebswirtschaftliche Aufgaben, wie z.B. die Auftragsverwaltung, das Bestell- und Lagerwesen. Der taktischen Führungsebene entspricht die Regelungsebene mit Dispositions- und Fertigungsleitfunktionen, wogegen die operative Ebene die lokale Maschinensteuerung und die Betriebsdatenaufnahme be-

---

[62] Vgl. *Warschat, J. / Salzer, C.*: CIM - ein Überblick, 1991, S. 233

[63] Vgl. *Binbeutel, K. / Funke, A.* et al: Die Profibus-Anwendungsschicht, 1991, S. 658 f. und *Scholz, B.*: CIM-Schnittstellen, 1988, S. 108 - 111

[64] Vgl. *Suppan-Borowka, J.*: TOP - Technical Office Protocol, 1987, S. 218

[65] Vgl. *Warschat, J. / Salzer, C.*: a.a.O., 1991, S. 230 f.

[66] Zu hierarchischen Rechnerebenen im Produktionsbereich vgl. u.a. *Scheer, A.-W.*: CIM. Der computergesteuerte Industriebetrieb, 1988, S. 77, *Abeln, O.*: Die Ca.-Techniken in der industriellen Praxis, 1990, S. 476 ff. und *Hollingum, J.*: Implementing An Information Strategy In Manufacture, 1987, S. 55

II. Einsatzmöglichkeiten verteilter Informationssysteme in betrieblichen Bereichen 45

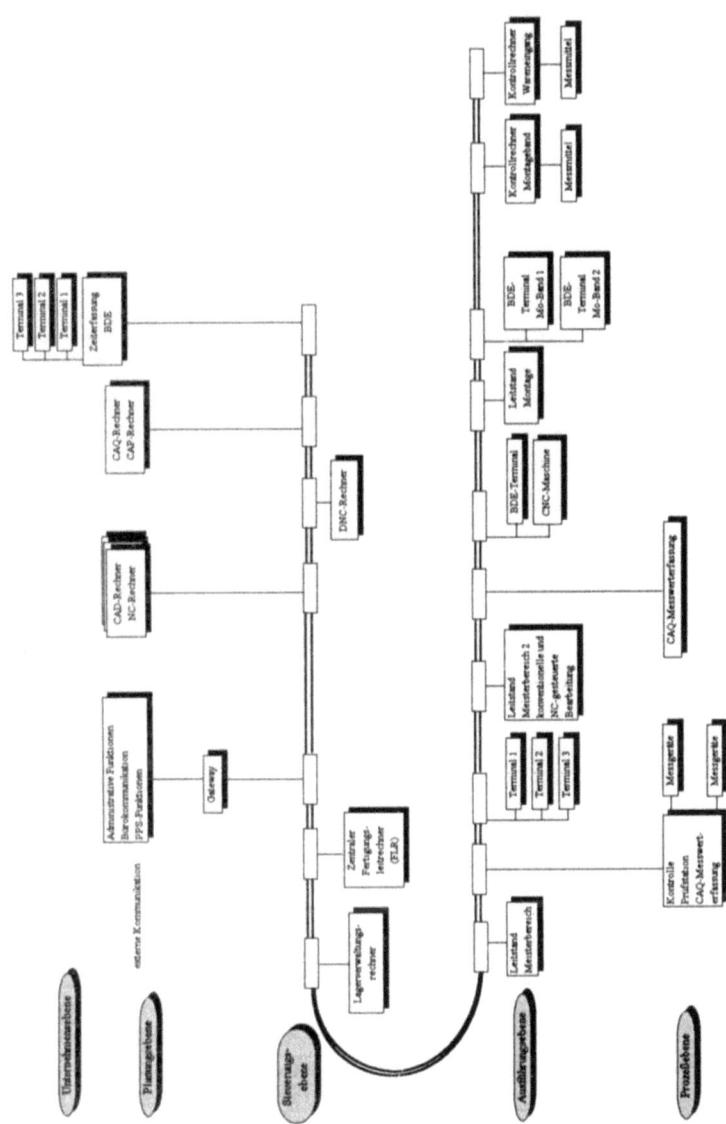

Abbildung A-3.: Rechnernetze in einer Produktionsumgebung[67]

---

[67] Vgl. *Pocsay, A. / Oetinger, R.*: Erarbeitung und Realisierung einer CIM-Konzeption, 1991, S. 44

inhaltet.[68] Jede Ebene kann aus mehreren, verbundenen lokalen Netzen bestehen, abhängig von der Art, Größe, Struktur und Organisation des Unternehmens. Die folgende Abbildung veranschaulicht mögliche Hierarchien und Teilnetzwerke eines verteilten Produktionsinformationssystems.

2. Verteilte Systeme im Rechnungswesen

Das Rechnungswesen umfaßt die drei Gebiete: Finanzbuchhaltung und Abschlußrechnung, Betriebsbuchhaltung mit der Kosten- und Leistungsrechnung sowie die Finanz- und Investitionsrechnung.[69]

Die Finanzwirtschaft wird im folgenden nicht weiter betrachtet, weil sich für sie aus einer Verteilung keine wesentlichen Vorteile ergeben. In der Finanz- und Investitionsplanung sind zwar Pläne aus dem gesamten Unternehmen zu berücksichtigen, es reicht aber aus, wenn diese Daten der Finanzwirtschaft aufgabenspezifisch übergeben werden. Somit ergeben sich für die Finanzabteilung signifikante Nutzeneffekte, wenn ihre Aufgaben durch Rechner unterstützt ablaufen und die Rechner in ein unternehmensweites Netzwerk eingebunden sind. Ein verteiltes System ist jedoch zur Aufgabenerfüllung nicht notwendig.

Die Finanzbuchhaltung und die Kostenrechnung hingegen verarbeiten und bilden Vorgänge aus sämtlichen Unternehmensbereichen ab. Es gehört zu ihren Aufgaben, diese Vorgänge zu erfassen, zu bewerten, einzuordnen und auszuwerten. Gleichzeitig werden die Vorgänge aber auch noch in weiteren betroffenen Abteilungen unter anderen Gesichtspunkten analysiert. So entsteht ein verzweigter Informationsfluß, der in seiner Gesamtheit zu betrachten ist. Die Betriebsbuchhaltung besitzt bedeutende Schnittstellen zur Fertigungssteuerung, Personalsteuerung und Finanzbuchhaltung. Sie erhält von diesen u.a. Informationen in Form von Lagerbelegen, Verbrauchsdaten sowie Lohn- und Gehaltsinformationen, die im Rahmen der Kostenrechnung benötigt werden, um eine Kostenarten-, Kostenstellen- und Kostenträgerrechnung durchzuführen.[70] Für eine Verbindung der Finanz- und Betriebsbuchhaltung mit weiteren Unternehmensbereichen bestehen insbesondere dort noch Rationalisierungspotentiale, wo die Informationsverarbeitung sowohl eine Mengen- als auch eine Wertkomponente beinhaltet. Dabei ist der Werteflu ß erst dann exakt erfaßt, wenn die Integration zwischen Produktionssteuerung, inklusive Einkaufs-, Lager- und Fertigungssteuerung, und den Buchhaltungen

---

[68] Vgl. *Schoop, E.*: Dezentrale Fertigungsinformationssysteme, 1987, S. 160 f.

[69] Vgl. *Bührens, J.*: Grundlagen des Rechnungswesens, 1984, S. 3

[70] Vgl. *Geitner, U.W.*: Betriebsinformatik für Produktionsbetriebe, Bd.1, S. 283

ein hohes Niveau erreicht. Andernfalls sind die entstehenden Abstimmungsdifferenzen so umfangreich, daß es zu aufwendig wird, den Ursachen im einzelnen nachzugehen.[71] Damit entfällt die angestrebte wechselseitige Kontrollfunktion der verschiedenen Rechnungen untereinander. Ähnliches gilt für das Zweikreissystem des Rechnungswesens, das sich durch EDV-Einsatz ohne Mehraufwand im Vergleich zum Einkreissystem durchführen läßt, aber viele Vorteile bietet. Da in diesem Fall beide Male Wertbuchungen betroffen sind, ist es einfacher, ein Zweikreissystem einzurichten, als Erfassungsfunktionen aus dem Rechnungswesen heraus in den sogenannten vorgelagerten Bereich zu verschieben. Ziel ist es, Geschäftsvorfälle nicht mehr separat im Rechnungswesen zu erfassen, sondern die bei der operativen Bearbeitung eines Geschäftsvorfalls erhobenen Daten automatisch der Buchhaltung zu übergeben.[72]

Daß im Rechnungswesen der EDV-Einsatz noch verbessert werden kann, liegt nicht ausschließlich daran, daß die Voraussetzungen zur Integration erst in den letzten Jahren geschaffen wurden. Die Ursache ist häufig darin zu finden, daß die meisten traditionellen Vorgehensweisen 1:1 in der EDV umgesetzt sind, ohne die möglichen Vorteile der elektronischen Verarbeitung voll auszuschöpfen.[73] In diesem Bereich vollzieht sich derzeit ein Wandel. Die Informationsflut macht es zwingend erforderlich, Programme zu entwickeln, die dem Anspruch des Rechnungswesens, das zentrale Informations- und Führungsinstrument zur Steuerung des Unternehmensgeschehens zu sein, gerecht werden. Im Idealfall ermöglichen diese die Generierung von transparentem, vollständigem und adäquat verdichtetem Zahlenmaterial sowie eine Verknüpfung der Informationen aus den einzelnen Unternehmensbereichen über das Rechnungswesen. Diese Integration führt erstens zu Rationalisierungen, weil mehrfache Erfassungsvorgänge eingespart werden, und zweitens zu unternehmensweit abgestimmten Daten.[74] Drittens repräsentiert ein integriertes System auch die Zusammenhänge der Prozesse im Unternehmen, macht so die Auswirkungen eines Vorganges auf verschiedene Abteilungen deutlich und fördert dadurch eine gesamtheitliche Denkweise der Mitarbeiter.[75]

---

[71] Vgl. *Geitner, U.W.*: Betriebsinformatik für Produktionsbetriebe, Bd.2, S. 269

[72] Vgl. *Scheer, A.-W.*: Wirtschaftsinformatik. Informationssysteme im Industriebetrieb, 1988, S. 475

[73] Vgl. *Schauble, F.A. / Dräger, U.*: Informationsmanagement im Rechnungswesen, 1991, S. 124

[74] Vgl. *Liedtke, U.*: Controlling und Informationstechnologie, 1991, S. 148

[75] Vgl. ebenda, S. 126

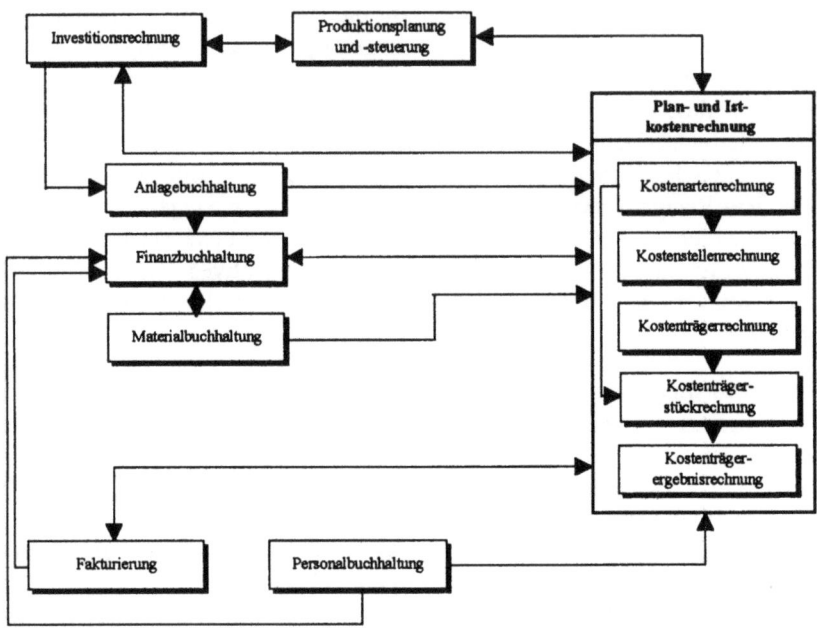

Abbildung A.-4.: Die Umsysteme der Kostenrechnung

Bezüglich der Daten selbst garantiert ein integriertes Informationssystem in hohem Maße Vollständigkeit, Aktualität und Differenziertheit. Voraussetzung dafür ist, daß die Daten im ersten Schritt zweckneutral, detailliert erfaßt und erst im zweiten Schritt differenziert weiterverarbeitet werden.

Zu den großen Vorteilen eines verteilten Systems gehört die Eigenschaft der Spezialisierung oder, anders gesehen, der Individualisierung. Dieses Charakteristikum kann im Rechnungswesen ausgenutzt werden. Mit Hilfe von interaktiven Programmen, die vorzugsweise auf Personal Computern ablaufen, ist es möglich, die Kreativität und das Fachwissen des Mitarbeiters beim Problemlösen verstärkt einzubeziehen. Darunter sind z.B. flexible Auswertungen und situationsspezifische Sonderrechnungen zu subsumieren, die der Systembenutzer mit den benutzerfreundlichen Programmpaketen, wie beispielsweise Tabellenkalkulationen und Graphik-Software, selbst erstellen kann, wobei er unternehmensweit auf Daten zugreift.[76] Planungsrechnungen kommen zwar primär in der Kosten- und Leistungsrechnung zum Einsatz, aber Planbilanzen mit verschiedenen Szenarien in Bezug auf Abschreibungsdauer, Rückstellungen, Wertansätze etc. werden in der Finanzbuchhaltung zunehmend öfter verwendet, so daß auch hier an den vernetzten Einsatz von Personal Computern zu denken ist. Zudem bietet eine im Dialog geführte Finanzbuchhaltung nicht nur Vorteile im Hinblick auf die Bewältigung von innerbetrieblichen Aufgaben, sondern auch eine zeitnahe Bearbeitung von Kundenanfragen, z.B. zu offenen Rechnungen.

Die Liste der Vorteile verteilter Systeme für das Rechnungswesen ist noch erweiterbar. So können etwa die allgemeingültigen Nutzeneffekte verteilter Systeme ausgenutzt werden, wie z.B. die Möglichkeit, durch Lastverteilung oder Datenreplikation Anwendungsstaus zu vermeiden. Ferner sind weiterführende Aufgaben des Rechnungswesens effizienter durchzuführen, beispielsweise im Rahmen der Kostenrechnung das Kostenmanagement und die Kostenpolitik zur direkten Identifikation von Kostentreibern und Kostensenkungspotentialen, sowie effiziente Wirtschaftlichkeitskontrollen auf der Grundlage direkt vor Ort erfaßter Daten. Schließlich ergeben sich neue Möglichkeiten, wenn zusätzlich die Aufgaben anderer Unternehmensbereiche mitberücksichtigt werden. Eine mit der Kostenplanung verbundene Produktkonstruktion erlaubt, preisgerechter für den Markt zu entwickeln, indem schon während der Entwicklungsphase die Kosten des Produktes sukzessive abgeschätzt und berücksichtigt werden. Bei dem sogenannten *Target-Costing*-Prinzip erhält ein konkretes Projekt zur Produktentwicklung ein Budget vorgegeben, das von dem angestrebten Produkt in Material- und Fertigungskosten nicht überschritten werden darf. In der Finanzbuchhaltung wird insbesondere die Bilanzkonsolidierung von vernetzten Betrieben zunehmendes Interesse erwecken. Die Anforderungen, die bei den beschriebenen Aufgaben an die Informatik gestellt werden, sind ebenso anspruchsvoll und vielfältig wie die an das Management.

3. Verteilte Management-Informationssysteme

Die Inhalte, mit denen der Begriff Management-Informationssystem (MIS) im anglo-amerikanischen Sprachraum belegt ist, unterscheiden sich deutlich von denen, die im deutschsprachigen Raum damit in Zusammenhang gebracht werden. Die englischsprachige Literatur beschreibt die MIS als unternehmensweite Informationssysteme, bestehend aus einzelnen integrierten Teilsyste-

---

[76] Vgl. *Schaible, F.A.*: Informationsmanagement im Rechnungswesen, 1991, S. 126 und *Warnicke, B.*: Dezentrale Datenverarbeitung für Kostenrechnung und Controlling, 1991, S. 103 f.

men, also ein verteiltes System über das gesamte Unternehmen.[77] Bezeichnenderweise ist in dem deutschen Schrifttum für diesen Wunschzustand noch kein Begriff geprägt worden, abgesehen von dem klanglosen Konstrukt *unternehmensweites Informationssystem*. Unter einem MIS wird im Gegensatz dazu ausschließlich die rechnerbasierte Managementunterstützung verstanden,[78] die von der Informationsanalyse über Planungshilfen bis zum Berichtswesen und der Unternehmenskonsolidierung reicht.[79] Dieses Teilinformationssystem heißt im englischen meistens *Executive Information System* (EIS) oder *Management Support System* (MSS) und ist Bestandteil eines MIS. Für die folgenden Ausführungen soll eine allgemein gehaltene amerikanische Definition zugrunde gelegt werden, die auch im eingeschränkten Sinne eines MIS gültig ist. Sie besitzt den Vorzug, deutlich herauszuheben, daß für ein Management-Informationssystem der unternehmensweite Zugriff auf Informationen unbedingt notwendig ist. Demnach ist ein Management-Informationssystem ein computergestütztes Informationssystem, das alle zur Entscheidungsunterstützung des Managements notwendigen Daten integrieren kann, unabhängig davon, an welchen Orten im Unternehmen diese Daten anfallen und verarbeitet werden.[80]

In der Bundesrepublik Deutschland werden Management-Informationssysteme bislang vorwiegend im Zusammenhang mit Controlling-Aufgaben eingesetzt.[81] Dieser Anwendungsbereich wird aber zur Zeit von zwei Seiten unter Druck gesetzt. Einerseits ist der Controlling-Begriff in den letzten Jahren wesentlich breiter gefaßt worden als das bis dato darunter verstandene Kosten-Controlling und das sowohl in der Theorie als auch in der Praxis.[82] Andererseits sind die vom Management an die Informationssysteme gestellten

---

[77] Vgl. u.a. *Hicks, J.O.*: Information systems in business, 1986, S. 82, *McLoad, R. Jr.*: Management Information Systems, 1986, S. 481 ff. und *Emery, J.C.*: Management Information Systems, 1987, S. 24 ff.

[78] Vgl. *Zahn, E. / Rüttler, M. / Kleinhans, A.*: Management-Unterstützungssysteme - Eine vielfältige Begriffswelt, 1992, S. 2

[79] Vgl. *Hickert, R. / Moritz, M.*: Informationen für Manager, 1992, S. 103

[80] Vgl. *Hicks, J.O.*: a.a.O., S. 72

[81] Vgl. *Hickert, R. / Stumpp, M.*: Ist-Situation und Zukunftserwartungen bei Management-Informationssystemen, 1992, S. 91

[82] Ein besonders gutes Beispiel für die praktische Umsetzung des erweiterten Controlling-Begriffs ist in der mittelständischen deutschen Bauindustrie zu finden. Das gesamte Controlling eines Bauprojektes verläuft stufenweise über die hierarchische Unternehmensorganisation mit selbständigen Einheiten. Jede Geschäftseinheit übernimmt, streng nach dem Subsidiaritätsprinzip, die ihr zustehenden Überwachungsaufgaben, beispielsweise die Kontrolle der Vertragsaushandlungen und Überwachung der Materialbeschaffung oder die konsolidierte Kontrolle aller Tiefbauprojekte etc.

Ansprüche generell größer geworden. Einer neueren Befragung zufolge stellt das Management sechs zentrale Forderungen an die Leistungsfähigkeit eines Management-Informationssystems:[83]

1. Geeignete, aktuelle und schnelle Informationsversorgung und Entscheidungsunterstützung sowohl bei regelmäßig wiederkehrenden als auch bei unvorhergesehenen Fragestellungen.
2. Breites Anwendungsspektrum, wobei die Arbeit durch mathematisch-statistische Funktionen, Prognoseverfahren, Simulationen, Analyse- und Graphikfähigkeit zu unterstützen ist.
3. Betriebsindividuellen Strukturen und Abläufen angepaßte Systeme.
4. Online-Zugriffsmöglichkeiten auf eine unternehmensweite Datenbasis.
5. Anwendbarkeit des Systems in allen Managementphasen, also Hilfe im Planungs-, Entscheidungs-, Durchsetzungs- und Kontrollprozeß.
6. Schnelle, flexible und einfache, benutzerfreundliche Handhabung des Systems.

Der Flexibilität kommt beim MIS besondere Bedeutung zu, weil der Informationsbedarf vor allem des strategischen Managements oftmals unstrukturiert, nicht vorhersehbar und deshalb nicht standardisierbar ist. Es sind gerade die unerwarteten ad-hoc Informationen, die es schwierig machen, ein MIS zu implementieren. Zum einen ist es aufwendig, derartig flexible Unterstützungs-Werkzeuge bereitzustellen, die zudem noch ohne Expertenwissen und möglichst mit einer nur kurzen Einarbeitungszeit zu bedienen sind. Zum anderen ist es ein Problem, den zukünftigen Informationsbedarf abzuschätzen und zu konkretisieren, der dann mit der Informationsnachfrage häufig nicht einmal deckungsgleich ist.[84] Zur Lösung dieses Problems wird bisher die flexible SQL-Datenbank-Manipulationssprache für relationale Datenbanken erfolgreich eingesetzt. Die einfache Handhabbarkeit und die Flexibilität von SQL begründen ihre weite Verbreitung. Für die Zukunft ist außerdem zu erwarten, daß es auf diesem Gebiet zu einem verstärkten Einsatz von Expertensystemen kommen wird, da diese ganz besonders Benutzerfreundlichkeit und Flexibilität bezüglich Anwendung und Ausbau befriedigen. Den Voraussagen der Fachleute zufolge ist es zukünftig auch unter ökonomischen Gesichtspunkten lohnend, in die Weiterentwicklung von Management-Informationssystemen zu investieren, da für dieses Marktsegment jährliche Wachstumsraten zwischen 25% und 80% prognostiziert werden.[85]

---

[83] Vgl. *Zahn, E. / Rüttler, M. / Kleinhans, A.*: Management-Unterstützungssysteme, 1992, S. 7
[84] Vgl. *Lix, B.*: Controlling und Informationsmanagement, 1991, S. 139
[85] Vgl. *Völme, K.-H.*: Mit Computer mehr Durchblick im Daten-Dschungel, 1992, S. B 18

Von Management-Informationssystemen wird gefordert, unternehmensweit auf Daten zugreifen zu können. Diese Bedingung allein ist auch durch eine zentrale Datenbasis zu erfüllen und damit per se noch nicht ausreichend, um ein verteiltes MIS zu begründen. Drei weitere Gründe, die allerdings nicht scharf zu trennen sind, sprechen zusätzlich dafür.

Die Aufgaben des Managements unterscheiden sich nach Bereich und Ebene. Die operative oder taktische Managementebenen unterstützenden Programme, Software-Werkzeuge und Daten befriedigen andere Bedürfnisse als die für das strategische Management. Diese unterschiedlichen Anwendungen implizieren auch differenzierte Anforderungen an Rechner. Gleichzeitig hängen die meisten Entscheidungen jedoch zusammen, weil das strategische Management Informationen - also bereits zu zweckbezogenem Wissen ausgewertete Daten - vom operativen und taktischen Management zur Entscheidungsfindung benötigt, diesem wiederum Vorgaben macht und Rahmenbedingungen setzt. Das gemeinsame und zugleich getrennte, individuelle Arbeiten an einer Aufgabe auf einer von allen Parteien genutzten informationstechnischen Basis ist eine neue Entwicklung. Sie ist unter dem Namen *Groupware* bekannt.[86] Bis zur eigentlichen Entscheidungsunterstützung sind jedoch verschiedene Vorstufen im MIS zu durchlaufen. Zuerst müssen aus Geschäftstransaktionen Daten erzeugt werden, z.B. durch Buchungen oder Sensoren. Diese Daten werten Planungs- und Kontrollsysteme in Informationen aus, zumeist auf der taktischen und operativen Managementebene. Erst im anschließenden Schritt werden diese Informationen verdichtet, aufbereitet und bei Bedarf weiterverarbeitet, so daß darauf aufbauend vom Management Entscheidungen getroffen werden können.[87] Auch dieser Prozeß kann eine verteilte Verarbeitung begründen.

Schließlich gilt auch für das MIS der Vorteil eines verteilten Systems, die individuellen Stärken der Anwender ausnutzen und geeignet unterstützen zu können. Das kann von dem Funktionsbereich abhängen, indem der spezielle Bedarf und das fachspezifische Wissen, beispielsweise eines Finanz- oder Produktionsexperten, berücksichtigt wird. Es kann aber auch von den Managementebenen, die sich insbesondere in dem Verdichtungsgrad der Informationen unterscheiden, beeinflußt sein. Natürlich muß nicht in jedem Unternehmen ein MIS verteilt implementiert werden. Das hängt vor allem von der Unternehmensgröße ab, aber auch von der Struktur und der Organisation. Dies gilt für alle Überlegungen zu verteilten Systemen.

---

[86] Zur Grundidee von Groupware vgl. u.a. *Petrovic, O.*: Groupware, 1992, S. 16 f. und *Finke, W.F.*: Groupwaresysteme, 1992, S. 25

[87] Vgl. *Hoch, D.*: Voraussetzung für die erfolgreichen Implementierung moderner Management-Informationssysteme, 1992, S. 119

III. Problemkomplexe für die Installation verteilter Informationssysteme

Die Vernetzung von Rechnern und das sogenannte *Downsizing* liegen zwar im Trend, der Durchbruch auf breiter Ebene wird allerdings erst noch erwartet. *Downsizing* muß in einem systemtechnischen und in einem organisatorischen Kontext gesehen werden.[88] Im systemtechnischen Sinne bezeichnet der Begriff die Tätigkeit, Anwendungen aus dem kostenintensiven *Multi-user*-Betrieb der Großrechner auf Systeme von Abteilungs- oder Arbeitsplatzrechner zu übertragen. Weil damit eine Größenreduktion der Systemkomponenten einhergeht, ist die Bezeichnung *Downsizing* entstanden, seltener, obwohl es den Sachverhalt besser beschreibt, wird auch der Begriff *Rightsizing* verwendet. Analog kennzeichnet *Downsizing* im organisatorischen Zusammenhang die Bestrebungen, kleinere, eigenständige unternehmerische Einheiten zu bilden. Beide Aspekte des Begriffes gehören insofern zusammen, als das systemtechnische *Downsizing* die organisatorische Restrukturierung oftmals erst ermöglicht. Der Schwerpunkt der folgenden Betrachtungen liegt auf den systemtechnischen Charakteristika, die sowohl Hardware als auch Software betreffen.

Bezogen auf Informationssysteme muß *Rightsizing* immer in Verbindung mit verteilten Systemen, also dezentralen aber integrierten Systemen, gesehen werden, weil die Funktionalität des Systems auf einem isolierten Rechner mit Sicherheit eingeschränkt werden muß. Auch wenn das häufig nicht sofort eintritt, dann mit Sicherheit bei einem zukünftig gewünschten Ausbau. Von der anderen Seite her gesehen fließen in Entwürfe zu verteilten Systeme notwendigerweise auch Überlegungen zu *Rightsizing* mit ein. Ein Grund dafür ist, daß es zu den Zielen von verteilten Systemen gehört, Anwendungen auf adäquate Rechner zu portieren, und das bedeutet den Einsatz von entweder spezialisierter oder bezüglich der Kapazität reduzierter Hardware.

1. Inkompatibilität einzelner Komponenten

Kompatible Systemelemente bilden die grundlegende Voraussetzung für die Installation verteilter Systeme. Die hierzu notwendigen Anforderungen an die Kompatibilität sind umfassender als die bloße technische Verbindung und die Lauffähigkeit von Programmen auf unterschiedlichen Rechnern des Systems. Sie gehen sogar weiter als die Forderungen, die an offene Systeme gestellt

---

[88] Vgl. *Knolmayer, G.*: Downsizing, 1992, S. 107

werden,[89] da zusätzlich zu den Möglichkeiten zur Kommunikation auch die Voraussetzung zur Kooperation geschaffen werden muß.

Die hardware-technische Seite ist dank der Definition von Standards mit vertretbarem Aufwand zu verbinden. Mit Hilfe von sogenannten *Gateways*, das sind Rechner, die es ermöglichen, verschiedenartige Netzwerke zu koppeln, können unterschiedliche Rechnerwelten zur Kommunikation und begrenzter Zusammenarbeit verbunden werden. Damit ist bei heterogenen Systemen mit unterschiedlichen Betriebssystemen und Netzwerk-Protokollen zur Zeit die Grenze des Machbaren erreicht. Allerdings sind auch so schon viele Erweiterungen zugänglich, wie beispielsweise die Chance, Ressourcen und Dienste aus anderen Rechnernetzen zu nutzen, weltweit zu kommunizieren und auf Daten zuzugreifen. Diese Theorie ist im weltweiten *Internet* schon lange Praxis. Die Ursprünge des *Internet* liegen in den Entwicklungsarbeiten zu einem einheitlichen Kommunikations-Protokoll, dem TCP/IP. Der Beginn dieser Forschung nach Standard-Kommunikations-Protokollen geht auf eine Initiative des amerikanischen Verteidigungsministeriums am Ende der sechziger Jahre zurück. Seit 1983 kommunizieren sämtliche Rechner des amerikanischen Verteidigungsministeriums auf Basis dieses Protokolls. Die zivile Verbreitung von TCP/IP beruht auf zwei grundlegenden Entscheidungen: erstens, den Protokoll-Code frei zur Verfügung zu stellen, und zweitens, TCP/IP auf das verbreitete Betriebssystem UNIX aufzusetzen. Für das weltweite Netz, das auf diesen Grundlagen aufbaut, kann jede Institution oder jedes Unternehmen einen Anschluß beantragen. Die Organisation, Zulassung, Pflege, Adressenvergabe und Weiterentwicklung wird zentral vom *Internet Advisory Board* in den Vereinigten Staaten gesteuert.[90] Das Internet stellt kein verteiltes System dar, aber es veranschaulicht einige der vielen Chancen und Möglichkeiten, die durch die neue Kommunikationstechnik eröffnet werden.

Fortschritte in der Kommunikationstechnik allein sind für die weitere Entwicklung von verteilten Systemen nicht ausreichend. Parallel dazu müssen die Anwendungsprogramme überarbeitet werden. Dieser Prozeß steckt jedoch noch in seinen Anfängen. Mehrere Gegebenheiten weisen auf diesen Sachverhalt hin; angefangen bei der unvollständigen Definition der Anwendungsschicht des ISO/OSI-Referenzmodells. Auffällig ist weiterhin, daß auch innerhalb homogener Rechnerwelten der einzelnen großen Hersteller verteilte Anwendungen noch nicht ausreichend angeboten werden. Eine Ausnahme bilden die bereits erwähnten verteilten Transaktionssysteme, die aber auch erst neuerdings auf Verteilungen ausgelegt werden.

---

[89] Vgl. S. 29.

[90] Vgl. *Black, U.*: TCP/IP and Related Protocols, S. 2 f.

Ein Hauptgrund für den Mangel an echten verteilten Applikationen ist die bislang nur geringe verfügbare Entwicklungszeit,[91] weil die Beschäftigung mit verteilten Systemen eben erst eine Folgeerscheinung von Netzwerken und *Downsizing* ist. Hinzu kommt, daß der Entschluß, Anwendungen auf kleinerere Rechner zu portieren, meistens nicht aus der Suche nach einer optimalen Struktur für die Informationsverarbeitung entspringt, sondern auf reinen Kostenüberlegungen basiert. Zum einen sind die Anschaffungskosten geringer, und zum anderen ist Standardsoftware erhältlich, die eine kostenintensive Eigenentwicklung erübrigt.[92] Da der Kurswechsel zu verteilten Systemen eine neue Entwicklung ist, entsteht erst jetzt eine Nachfrage nach verteilten, vorzugsweise auf eine *Client-Server*-Architektur[93] ausgelegten, Applikationen. Die diesbezüglich am weitesten gereiften Anwendungen sind die verteilten Datenbanken. Das liegt zum einen an der zentralen Bedeutung der Datenhaltung, und zum anderen an dem fortschrittlichen, theoretisch gut faßbaren Konzept der Relationentheorie, da die auf dem Markt angebotenen verteilten Datenbanken relationale Datenbanken sind. Damit soll nicht behauptet werden, daß die Theorie der relationalen Datenbanken abgeschlossen ist. Serialisierbarkeit, Sperrgranularität oder Multiversionen sind nur einige Beispiele an noch offenen Fragestellungen, aber trotzdem sind die Produkte marktreif. Die Transaktionsverwaltung, inklusive der Möglichkeit, Anfragen abzubrechen und im Fehlerfall die Datenbank zurückzusetzen, sowie Time-out-Mechanismen und das *2-Phase-Commit*-Protokoll,[94] um verteilte Anfragen abzuwickeln, sind soweit implementiert, daß verteilte Datenbanken in der Praxis zum Einsatz kommen können. Damit ist für die angestrebte Datenintegration ein gangbarer Weg erschlossen.[95]

2. Risikoaversion beim Einsatz neuer Techniken

Die Installation verteilter Informationssysteme ist ein langandauernder Prozeß. Aufgrund der modularen Struktur der Systeme ist es möglich, sie inkrementell einzuführen und dadurch sowohl die hohen Investitionen, die mit Informationssystemen verbunden sind, zeitlich zu strecken als auch die Umstellungen, die sie bewirken, behutsamer anzupassen. Obwohl die Realisierung schrittweise erfolgen sollte, muß der übergreifende Gesamtplan voll-

---

[91] Vgl. *Stumm, M.*: Verteilte Systeme, 1987, S. 258

[92] Vgl. hierzu und zu einer ausführlichen Auseinandersetzung mit den immer wieder angeführten Kostenargumenten *Dirlewanger, W.*: Downsizing, 1992, S. 164 f

[93] Auf diese System-Architektur wird in Kapitel B.II.3. und B.III.3. noch eingegangen.

[94] Vgl. hierzu auch Kapitel B.III.1.

[95] Diese Thematik wird ausführlich in Kapitel B.III. behandelt.

ständig vorliegen. Dieser ist von strategischer Bedeutung, weil einem funktionierenden Informationssystem eine entscheidende Rolle als Wettbewerbsfaktor zukommt. Der Gesamtplan ist weiterhin langfristig ausgerichtet, verplant bedeutende Mittel für zukünftige Investitionen und bestimmt die erforderlichen Strukturveränderungen. Alle diese Eigenschaften unterstreichen seine strategische Relevanz. Daß die Ablauf- und Aufbauorganisation verändert wird sowie Aufgaben neu zugeordnet und Kompetenzen verschoben werden, sind zwar Konsequenzen, die sich aus der Installation von Informationssystemen ergeben; sie sind planerisch aber Ursache und nicht Wirkung. Verteilte Informationssysteme erzwingen keine Umorganisation, sondern unterstützen oder ermöglichen erst gewünschte Organisationsstrukturen. Dies verdeutlicht nochmals den bereits im ersten Kapitel beschriebenen interdisziplinären Aufgabenkomplex des Informationsmanagements, das im Dienste der Unternehmensführung steht.

Die Planung eines verteilten Informationssystems sollte wegen der ineinandergreifenden, sich gegenseitig bedingenden Ziele und Potentiale im klassischen Gegenstromverfahren verlaufen. So gesehen stehen sich in diesem Prozeß das Informationsmanagement und die Unternehmensführung gegenüber. Aufgabe der einen Seite ist es, die Potentiale der neuen Informationstechnik darzustellen und die Machbarkeit der Wünsche zu beurteilen; der anderen Seite obliegt es, neue Vorschläge und Ziele für die strategische, taktische und operative Ebene zu entwickeln. Als Ergebnis dieses Iterationsprozesses entsteht ein neues Zielsystem, dessen Realisierbarkeit zumindest technisch gesichert ist. Es stellt die Basis für die Finanz- und Investitionsplanung dar, ist Entscheidungsgrundlage und Ausgangspunkt des Projektmanagements.

Der erwähnte Iterationsprozeß ist extrem komplex und vielschichtig. Allein die Auswirkungen von zentralen Informationssystemen sind hinreichend kompliziert. Wenn die Informationssysteme zusätzlich verteilt zu planen sind, kommen noch mehrere Dimensionen hinzu. Das beginnt bei der Vernetzung der Rechner, inklusive der zusätzlichen Systemsoftware, wie Netzwerk-Betriebssystem, -Protokolle und -Management, über die verteilten Anwendungen bis zu den Wirkungen der Informationstechnik im Unternehmensgeschehen selbst. Dazu gehören beispielsweise größere Entscheidungsfreiheit vor Ort oder die Einführung neuer Steuerungsverfahren.

Zur Komplexität der Planung kommt hinzu, daß das Angebot am Markt für verteilte Anwendungssoftware noch sehr begrenzt ist. Deshalb wäre viel unternehmensinterne Entwicklungs- und in jedem Falle Anpassungsarbeit zu leisten, für die es an ausreichender Erfahrung fehlt. Hauptsächlich aus diesen Gründen halten sich deutsche Unternehmen mit der Einführung von verteilten Systemen noch zurück. Während in den Vereinigten Staaten laut Umfragen bereits 80% der Unternehmen *Downsizing*-Pläne haben,[96] sind es in der Bundesrepublik nur ca. 20%[97] sicherlich auch ein Ausdruck der vorsichtigen deutschen Unternehmerpolitik. Allerdings kommt die modulare Eigenschaft verteilter Systeme dieser Haltung entgegen, weil im Kleinen, sogar mit Prototypen, begonnen werden kann. Die erforderliche Ausgabe, um einen PC aus der Verwaltung über ein Modem an den Host zu koppeln, um zumindest Datentransfer vollziehen zu können, wird sogar vielfach von privaten Haushalten, zwecks Anschluß an eine Mailbox, getätigt. Solch eine Anbindung ergibt zwar noch kein verteiltes Informationssystem, aber es ist ein Schritt in diese Richtung. Dadurch wird schon erreicht, daß entweder Anwendungen, die vorher auf dem Zentralrechner liefen, für den PC umgestellt, oder neu hinzugekomme Applikationen lokal gelöst werden. Ungleich höhere Ausgaben sind, wie zu erwarten, mit einem MAP-Prototypen verbunden. Für dessen Installation sind zwischen DM 150 000 und DM 300 000 zu veranschlagen.[98] .

Die Tatsache, daß sich Kosten und Nutzen verteilter Informationssysteme nicht eindeutig und exakt bestimmen lassen sowie auf der Nutzenseite die Mehrzahl der Vorteile nicht-quantifizierbar sind, erschwert es zusätzlich, die Unternehmensführung von solchen Konzepten zu überzeugen. Sollten im Unternehmen jedoch Anwendungen vorliegen, denen verteilte Charakteristika inhärent sind, wie z.B. einem CIM-System, dann ist zu erwarten, daß in Zukunft ein verteiltes System entsteht. Sowohl die Informatiker als auch das Management sollten diese Tatsache berücksichtigen und neue Applikationen so auslegen, daß sie bei späterem Bedarf verteilbar sind. Das umschließt abgestimmte Datenmodellierung, Schnittstellenspezifikationen, modulare Strukturen, den Einsatz verteilte Programmierung unterstützender Programmiersprachen sowie die planerische Zuordnung von EDV-Funktionen zu Verantwortungsbereichen. Inwieweit bestehende Programme durch sogenanntes *Reengineering* umzustellen sind, ist fallspezifisch zu entscheiden.

3. Mangel an Entwurfsverfahren und -werkzeugen

Mittlerweile existiert ein weites Spektrum an Vorschlägen für strukturiertes *Software-* oder *Requirements-Engineering*. Grundsätzlich unterscheiden sie sich in der Syntax und im zentralen Modellansatz. Für die Syntax werden vorzugsweise graphische Mittel, formale Sprachen, Grammatiken oder reguläre

---

[96] Vgl. *Kottenbrink, J.K.*: Executive Letter No. 2 vom VDMA, Abteilung Informatik, 1992, S. 3

[97] Vgl. *Dirlewanger, W.*: Downsizing, 1992, S. 165

[98] Vgl. *Hollingum, J.*: Implementing An Information Strategy In Manufacture, 1987, S. 94

Ausdrücke verwendet, und der Modellansatz verfolgt grundsätzlich entweder eine funktions-, datenfluß- oder datenorientierte Sichtweise. Neu hinzugekommen ist in jüngster Zeit der objektorientierte Ansatz. Die Verfahren eignen sich, um Informationssysteme in ihrer Gesamtheit zu beschreiben. Das kann durchaus hierarchisch, stufenweise verfeinert geschehen, wie z.B. mit der HIPO[99] - oder der *Structured Analysis* (SA)-Methode. Die Hierarchie drückt jedoch keine Verteilung aus, sondern dient der besseren Übersicht und der konsequenten Modellierung vom Generellen ins Spezielle. Es fehlt somit an Verfahren, die sich eignen, Verteilungen zu modellieren.

Für die Allokation von Daten in verteilten Datenbanken existieren mathematische Modelle, die meistens die Kommunikations- und Speicherkosten bezüglich relationaler Datenbankoperationen minimieren.[100] Diese Modelle sind nur bedingt verwendbar, weil sie durch einschränkende Modellannahmen das reale System nicht ausreichend abbilden und relevante Faktoren, wie z.B. fehlerhafte Kommunikationsvorgänge, nicht berücksichtigen. Zudem sind sie durch die große Zahl an Parametern und Nebenbedingungen sehr komplex und auch nur näherungsweise lösbar,[101] weshalb die Konstruktion eines Simulationsmodells vorzuziehen ist.

Zur Simulation und Modellierung der Dynamik in verteilten Systemen eignen sich Petri-Netze.[102] Mit ihrer Hilfe lassen sich besonders gut parallele Vorgänge abbilden und überprüfen sowie kausale und zeitliche Abhängigkeiten aufzeigen. Petri-Netze bilden deshalb ein hervorragendes Instrumentarium, um Vorgänge in Einzelschritte aufzugliedern, dadurch Verteilungspunkte zu finden und zusätzlich Potentiale zur Parallelisierung aufzudecken. Der Umgang mit Petri-Netzen ist nicht einfach zu erlernen, auch wenn das auf den ersten Blick aufgrund der anschaulichen Graphiken so erscheint. Die dahinterstehende mathematische Theorie von C. A. Petri umfaßt lineare Algebra und mathematische Logik.[103] Die Mathematik bildet dabei nicht nur den theoretischen Unterbau, sondern muß zur Modellierung eingesetzt werden. Gute Ergebnisse können mit der Methode erst dann erzielt werden, wenn mit Transitions- und Prädikats-Spezifikationen gearbeitet wird. Dazu reicht eine

---

[99] Hierarchy Plus Input Process Output

[100] Vgl. u.a. *Dadam, P.*: Verteilte Datenbanken, 1989, S. 40 ff., *Morgan, H.L. / Levin, D.K.*: Optimal Program and Data Locations in Computer Networks, 1977, S. 316 ff. oder *Bütow, W.*: Ein Modell der Allokation von distributiven Datenbase in Rechnernetzen, 1992, S. 71 - 78 (Bei diesem Modell werden die Mengen an übertragenen Daten minimiert)

[101] Vgl. *Bayer, R. / Elhardt, K. / Kießling, W. / Killar, D.*: Verteilte Datenbanksysteme, 1984, S. 3

[102] Vgl. *Schoop, E.*: Dezentrale Fertigungsinformationssysteme, 1987, S. 266

[103] Zu den mathematischen Grundlagen vgl. z.B. *Baumgarten, B.*: Petri-Netze, 1990, S. 29 - 48

graphische Modellierung nicht aus. Petri-Netze stellen für das *Software-Engineering* ein mächtiges Werkzeug als Vorstufe zur Implementierung verteilter Programme dar. Sie unterstützen somit den software-technischen Entwurf. Der Frage, auf welche Knoten im verteilten System die identifizierten Prozeß- und Dateneinheiten[104] gesetzt werden sollen, wird nicht nachgegangen. Die vorhandenen *Software-Engineering*-Methoden müssen um ein solches Verteilungsmodell ergänzt werden. Genauer gesagt, es fehlt ein Verfahren, das angibt, wie diese Modelle zu erstellen sind.

Ein Verteilungsmodell beinhaltet die Zuordnung von Daten und Modulen zu Rechnerknoten, bei Bedarf noch mit Angaben über die Zugriffsrechte. Da es bei den Entscheidungen zur Allokation nicht allein um die Minimierung des Speichers, der notwendigen Kommunikation und des Ausfallrisikos geht, sondern auch betriebswirtschaftliche und technische Überlegungen mit einfließen, muß ein Verfahren gefunden werden, das es ermöglicht, Informatiker, Techniker und Manager am Prozeß der Modellbildung zu beteiligen.[105]

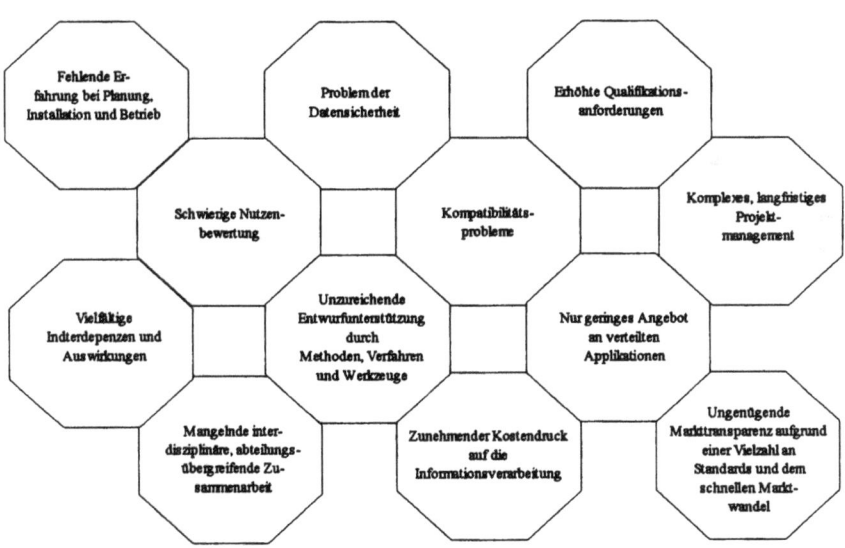

Abbildung A-5.: Schwierigkeiten bei der Installation verteilter Infomationssysteme

---

[104] Einfache Datenstrukturen lassen sich über Prädikate modellieren. Petri-Netze sind jedoch primär funktionsorientiert und eignen sich nicht zur Datenmodellierung. Vgl. *Partsch, H.*: Requirements Engineering, 1991, S. 105

[105] Zu weiteren Anforderungen an das Entwurfsverfahren vgl. Kapitel C.II.1.

B. Besonderheiten der Systemspezifikation verteilter Informationssysteme

I. Inhaltliche Erweiterungen des traditionellen Phasenschemas

Die Systemspezifikation umfaßt die ersten drei Phasen des klassischen Phasenschemas einer Informationssystem-Entwicklung. Ihr Ergebnis ist das zentrale Projektdokument, das die Ziele und die Funktionalität des zu erstellenden Informationssystems beschreibt.[1] Darauf bauen die nächsten drei Phasen auf, nämlich die Implementierung, die Systemeinführung und schließlich die Wartung und Pflege.[2] Die Phasen laufen nicht streng chronologisch nacheinander ab, sondern sind durch vielfältige Rückkopplungen geprägt, so daß zumindest bis zur Implementierung ein Iterationsprozeß entsteht. Die Phasen der Spezifikation von verteilten Informationssystemen werden zudem prinzipiell mehrmals durchlaufen: zuerst innerhalb der strategischen Gesamtplanung, bei der das System ganzheitlich betrachtet wird, und dann bei der Entwicklung der Subsysteme. Die strategisch ausgerichtete Systemspezifikation muß am Anfang in dem Sinne noch nicht exakt präzisiert sein, daß sie als perfekte Grundlage für die Implementierung dienen könnte. Sie legt aber die Subsysteme fest und schreibt die Rahmenbedingungen vor, innerhalb derer diese zu entwerfen und zu realisieren sind, um eine spätere Integration zu gewährleisten. Damit soll auch vermieden werden, daß Subsysteme ohne Bezug zum Gesamtsystem optimiert werden. Die strategische Systemspezifikation stellt also eine Art ´robusten nächsten Schritt´ dar. Das ist in der Planungslehre eine Maßnahme, die sofort fällig und höchstwahrscheinlich richtig ist, obwohl das Endziel noch nicht exakt festliegt.[3]

Die Subsysteme werden einzeln, auch zeitlich versetzt, unter Berücksichtigung der Vorgaben entwickelt und können gleichfalls verteilt konzipiert werden. Abgesehen davon, daß die Systemspezifikation von verteilten Informationssystemen im Unterschied zur Spezifikation von zentralen Informationssystemen auf zwei unterschiedlichen Ebenen durchlaufen wird, ist sie auch durch abweichende Inhalte gekennzeichnet. Das gilt sowohl für die eher ab-

---

[1] Vgl. *Denert, E.*: Software-Engineering, 1991, S. 67

[2] Zum Phasenschema vgl. *Balzert, H.*: Die Entwicklung von Software-Systemen, 1982, S.15ff.

[3] Vgl. *Mertens, P. / Hofmann, J.*: Aktionsorientierte Datenverarbeitung, 1986, S. 325

strakte Spezifikation des Gesamtsystems als auch für die Spezifikation der Subsysteme, sofern diese verteilte Informationssysteme darstellen.

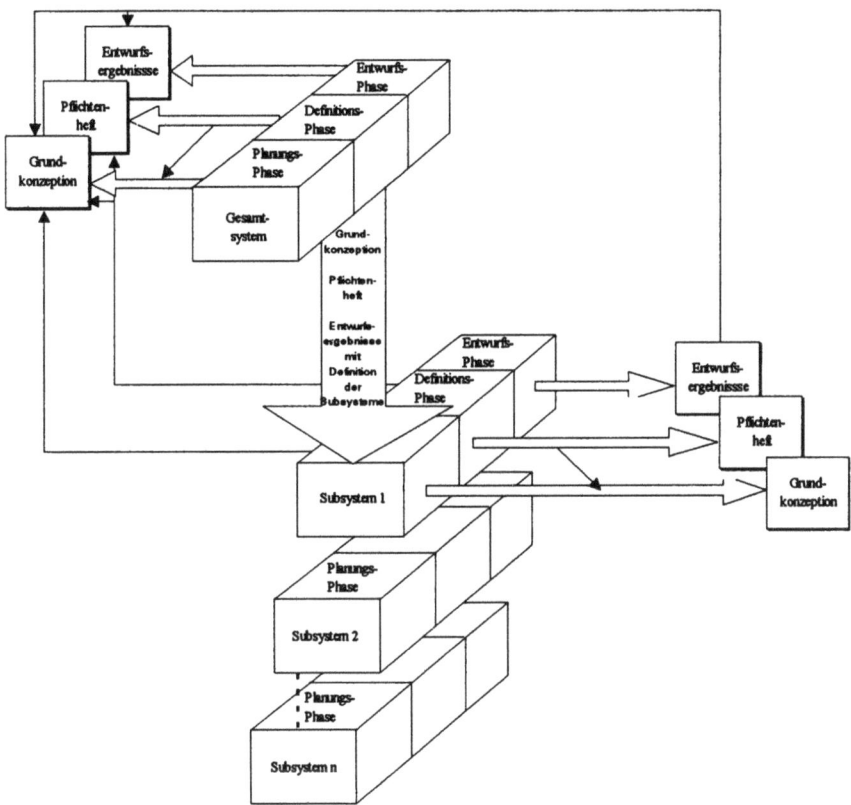

Abbildung B-1.: Die Planungs-, Definitions- und Entwurfsphase der Entwicklung verteilter Informationssysteme

1. Die Planungsphase

Der Einstieg in die Systementwicklung führt über die Aufgabeninhalte der Planungsphase. Der Zweck der Planungsphase besteht darin, die Grundkonzeption des Systems zu erstellen. Die Grundkonzeption des Gesamtsystems ist allerdings mit dem Ende der Planungsphase noch nicht abgeschlossen, denn einerseits bauen die folgenden Phasen auf dieser Konzeption auf, andererseits bewirken sie deren Präzisierung oder Korrektur. Die Planungsphase kann somit sowohl Initial- als auch Begleitphase für die Definition und den Entwurf der Subsysteme sein. In sie gehen die meisten Rückmeldungen ein, auf die sie flexibel und in kurzer Zeit reagieren können muß.

Der erste Schritt der Planungsphase des Gesamtsystems besteht darin, einen Bedarf überhaupt zu erkennen. Das ist der Zeitpunkt, zu dem eine kooperative Zusammenarbeit der allgemeinen Unternehmensführung und des Informationsmanagements essentiell ist. Die Unternehmensführung plant die strategische Ausrichtung des unternehmerischen Handelns, und das Informationsmanagement untersucht, inwieweit die Informationstechnik die Vorhaben unterstützten kann oder welche neuen Potentiale die Technik zur Verfügung stellt. Beide Prozesse gehören zusammen; sie sind zu einem Arbeitsvorgang zu integrieren. Ist zu erkennen, daß der aktuelle Zustand der Informationsverarbeitung im Unternehmen zukünftige oder aktuelle Bedürfnisse der Informationsversorgung nicht befriedigen kann oder aufgrund neuer Hard- oder Softwaretechnik bedeutende Verbesserungen möglich sind, schließt sich die nächste Stufe der Planungsphase an.

Ein strukturiertes Vorgehen erfordert zunächst, die angestrebten Ziele zu definieren. Das gilt gleichermaßen für die Planungsphase des Gesamtsystems als auch für die der Subsysteme. Die Entwicklung der Subsysteme beginnt allerdings mit dieser Aufgabe, da der Bedarf bereits durch Vorgaben des Gesamtsystems bestimmt ist. Ebenso bewegen sich die Zieldefinitionen für die Subsysteme in dem vom Gesamtsystem abgesteckten Rahmen.

Die Ziele werden methodisch über eine Anforderungsanalyse festgelegt und lassen sich folgendermaßen strukturieren:[4]

> *a) Sachziele:*
>
> Sie bestimmen den Zweck des geplanten Informationssystems. Dazu beschreiben sie die Funktionen und den Leistungsumfang des Systems über die betrieblichen Aufgaben, die unterstützt werden sollen. Für die Planung verteilter Systeme ist es notwendig, die Aufgaben auch über die Schnittstellen zu den weiteren Subsystemen zu beschreiben, d.h. erstens, welche Schnittstellen erstellt werden sollen, und zweitens, welche Arbeiten miteinander

---

[4] Vgl. *Heinrich, J.L. / Burgholzer, P.*: Systemplanung, Bd.1, 1989, S.195 f. und zu den Formalzielen vgl. ebenda, S. 204 f.

kooperieren. Das ist natürlich erst dann der Fall, wenn anhand weitergehender Analysen erkenntlich ist, daß ein verteiltes System eine geeignete Lösung darstellt.

In der Planungsphase der Subsysteme werden die Zielvorgaben weitgehend präzisiert. Das geschieht zum einen durch die Definition der Daten- und Methodenanforderungen, die notwendig sind, um die Funktionen zu erfüllen, und zum anderen über den Umfang und die Häufigkeit der Funktionen, so z.B. die ungefähre Anzahl der Objekttypen und Relationen oder die Frequenz der Funktionsaufrufe. Schließlich ergänzen noch konkrete Angaben zu den Schnittstellen innerhalb des verteilten Subsystems, zu den Nachbarsystemen und zu den Benutzern des Informationssystems das Vorgabendokument.

b) Formalziele:

Sie beschreiben die Qualität und die Güte, mit der die Sachziele erreicht werden sollen. Sie sind im Zusammenhang mit Nutzen- und Kostenanalysen von Informationen zu sehen, weil das Kriterium *'so gut wie möglich'* eben nicht immer wirtschaftlich sinnvoll ist.

Formalziele betreffen zum einen die Prozeßqualität des Vorgehens der Systementwicklung selbst und zum anderen die Produktqualität, also die Güte des Ergebnisses der Systementwicklung. Bei den Formalzielen der Prozeßqualität handelt es sich um Leistungsziele - damit sind Zwischenergebnisse gemeint - und um Termin- und Kostenziele. Alle drei Arten werden durch die Gesamtkonzeption nur grob vorgegeben und in der Planungsphase der Subsysteme verfeinert.

Bevor die Grundkonzeption des Gesamtsystems oder eines der Subsysteme erstellt werden kann, ist eine Technikanalyse erforderlich. Zweck der Technikanalyse ist es, die Leistungsprofile von Hard- und Software beim derzeitigen Stand der Technik zu erheben. Bevorzugte Informationsquellen sind Fachzeitschriften, Messen, Seminare, Informationen der Hersteller und in der Planungsphase der Subsysteme auch sogenannte Demonstrationsversionen der Software-Produkte. Die Aufgabe der Technikanalyse wird zunehmend aufwendiger, weil die Entwicklungen in dem Bereich der Personal Computer, der Trend zu offenen Systemen und der Wandel von Verkäufer- zu

Käufermärkten es erschweren, die Informationen zu sichten und zu bewerten.[5] Dabei ist es nicht allein die Menge, die die Analyse verkompliziert, sondern ebenso die nicht eindeutige Vergleichbarkeit der Produkte. Die Technikanalyse ist eine wesentliche Voraussetzung, um alternative Konzepte zu erstellen und im Hinblick auf die vorgegebenen Ziele zu bewerten.[6]

In der Grundkonzeption wird entschieden, ob die Struktur des Informationssystems zentral oder verteilt ausgelegt werden soll. Hierin liegt auch das *Warum* der Technikanalyse begründet. Das klassische Phasenkonzept des *Software-Engineerings* ist bis zur Phase der Implementierung streng technikunabhängig. Sämtliche Methoden und Werkzeuge sind explizit darauf ausgelegt. Diese Technikneutralität muß bei der Entwicklung verteilter Informationssysteme aufgegeben werden: erstens, weil der Technik bei der Entscheidung zugunsten verteilter Informationssysteme eine bedeutende Rolle zukommt, und zweitens, weil in den Entwurf eines verteilten Informationssystems Aspekte der Verteilung miteinfließen müssen. Die Güte der Verteilung beeinflußt in hohem Maße die Effizienz des Informationssystems. Ein geeignetes Modell der Verteilung ist wiederum nur zu erstellen, wenn verteilte Hardware-Strukturen berücksichtigt werden.

Damit die Entscheidung zugunsten eines verteilten Informationssystems fällt, sollten mehrere der folgenden Gründe zutreffen:[7]

1. Entfernte Arbeitsstellen

Weit vom Host-Rechner entfernte Terminals verteuern die Verkabelung und die Kommunikationskosten, z.B. über eine Telefonleitung. Es kann sich daher als günstiger herausstellen, einen Rechner vor Ort zwischenzuschalten, der die meiste Arbeitslast trägt und nur selten mit dem Großrechner kommuniziert. Gleichzeitig ist ein verbessertes Antwortzeitverhalten zu erwarten, da die Wege verkürzt werden und der Großrechner entlastet wird.

---

[5] Zu der Entwicklung des veränderten Angebotsumfeldes vgl. *Janko, W.H. / Taudes, A.*: Veränderungen der Hard- und Softwaretechnologie und ihre Auswirkungen auf die Informationsverarbeitungsmärkte, 1992, S. 484

[6] Vgl. *Heinrich, L.J. / Burgholzer, P.*: Systemplanung, Bd. 1, 1989, S. 242

[7] Zur Auflistung der Gründe vgl. *Scherr, A.L.*: SAA distributed processing, 1988, S. 373

2. Ungeeignetes Leistungsangebot

Erst durch eine differenzierte Hardware sind sowohl spezielle Leistungscharakteristika als auch die günstigen Preise der Hard- und Software für PCs und Rechner der mittleren Datentechnik auszunutzen. Hinzu kommt, daß Betrieb und Wartung kleinerer Anlagen wesentlich weniger aufwendig sind als die von großen *Multi-user*-Systemen.

3. Kritische Verfügbarkeit

Die Auswirkungen von Fehlverhalten der Systemkomponenten lassen sich in verteilten Systemen begrenzen und paralysieren deshalb nicht die gesamte Informationsverarbeitung im Unternehmen.

4. Geplante Ausbaumaßnahmen

Das zur Verfügung stehende Großrechnersystem ist zu den Hauptgeschäftszeiten überlastet und wird zunehmend zu einem Engpaß. Es muß entweder durch ein größeres System ersetzt, oder durch den Einsatz weiterer Rechner entlastet werden. Bestimmte Aufgaben lassen sich auch effizient auf mehrere Prozessoren verteilen.

5. Organisatorische Umstrukturierung

Einerseits kann es gewollt sein, die organisatorische Aufbaustruktur zu entflechten. Ziel ist, kleinere, autonome Einheiten zu gründen, ohne vollständig auf die positiven Synergieeffekte der Einheit verzichten zu müssen. Wenn andererseits Rechnerleistung vor Ort zur Verfügung gestellt wird, kann zu starke Arbeitsaufteilung wieder rückgängig gemacht werden. Dabei sind insbesondere die Arbeitsabläufe betroffen, die im Zuge der ersten euphorischen Automatisierung künstlich auseinandergerissen wurden.

6. Dezentrale Informationssysteme

Aus historischen Gründen ist eine heterogene, dezentrale EDV-Landschaft im Unternehmen entstanden, deren Pflege und Wartung hohe Kosten verursacht und deren Struktur überaus ineffizient ist.

Identische Arbeitsgänge wiederholen sich an unterschiedlichen Arbeitsplätzen, Daten sind redundant gespeichert und Ressourcen werden nicht ausgelastet oder überhaupt nicht genutzt. Folglich sind für bestimmte Arbeitsplätze notwendige Informationen nicht zugänglich, obwohl sie an anderer Stelle vorliegen.

Die Grundkonzeption umfaßt ein erstes grobes Verteilungsmodell, das als Graph darstellbar ist. Die Aufgaben werden zu Gruppen zusammengefaßt und Knoten zugeordnet. Die Knoten repräsentieren - je nach Planungsstufe - Abteilungen, Unternehmensbereiche oder Rechnersysteme. Zwischen den Knoten existieren Kanten, die die Beziehungen zwischen den Aufgabengebieten darstellen und auf Schnittstellen hinweisen.

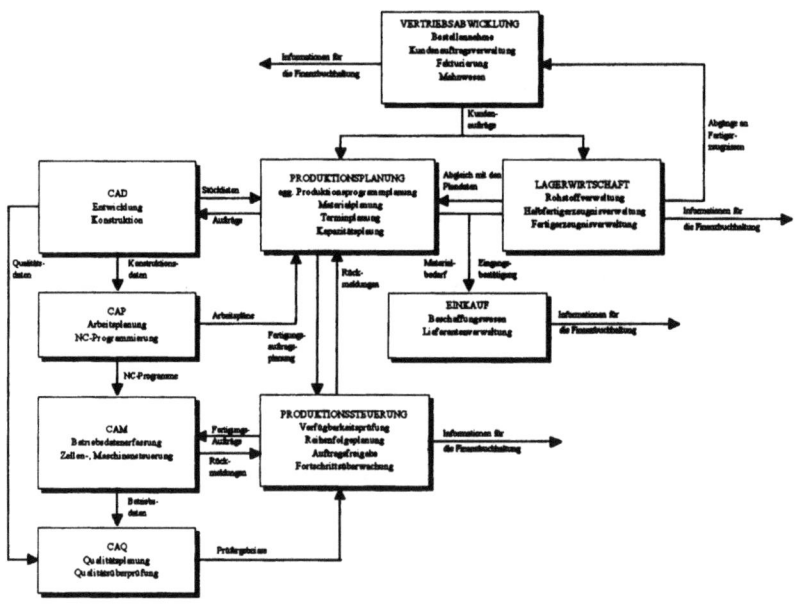

Abbildung B-2.: Beispiel eines Verteilungsmodells der Grundkonzeption

An das Grundkonzept schließt sich eine Durchführbarkeitsanalyse an, die technische, ökonomische, personelle und organisatorische Aspekte abdeckt. Die Durchführbarkeitsanalyse umschließt auch erste Entscheidungen darüber, inwieweit das Informationssystem mit seinen Teilsystemen eigenerstellt oder fremdbezogen wird. Die Implementierung von verteilten Systemen ist allerdings auch bei Fremdbezug immer durch eigene Arbeiten zu ergänzen, da erhebliche Programmanpassungen vorgenommen werden müssen. Gleichzeitig werden durch die Eigenarbeit die Akzeptanz des Systems verbessert und die Motivation der Mitarbeiter erhöht.

Die Planungsphase schließt mit einer Projektplanung bis zur Systemeinführung ab. Die Planung des Gesamtsystems ist eine Kombination von rollender und revolvierender Planung.[8] Einerseits wird sie am Ende jeder Etappe, die mit der Einführung eines Teilsystems abschließt, fortgeschrieben und konkretisiert, andererseits erfährt sie auch Planänderungen aus den hierarchisch untergeordneten Teilplänen.

2. Die Definitionsphase

Zweck der Definitionsphase ist es, ein konkretes Pflichtenheft zu erstellen, in dem die Anforderungen, die an das Informationssystem gestellt werden, vollständig und umfassend dargelegt sind. Um den Bedarf hinreichend genau zu ermitteln, ist eine ausführliche, auf das Sollkonzept aus der Planungsphase bezogene Analyse des Ist-Zustandes notwendig. Obwohl es auf den ersten Blick sinnvoller erscheint, die genaue Ist-Analyse der Erstellung des Soll-Konzeptes zeitlich vorzuziehen, ist die vorgeschlagene Reihenfolge wesentlich effizienter. Eine ziellose Ist-Analyse für den Einsatz eines Informationssystems ist nicht einzugrenzen. Die Rahmenbedingungen sind zu zahlreich und vielfältig, da sie technische, aufbau- und ablauforganisatorische, soziale, personelle und finanzielle Aspekte betreffen. Das Resultat wäre eine unübersichtliche Informationsquantität. Die Analyse des Ist-Zustandes ist effizient erst möglich, wenn ausreichend genaue Vorstellungen darüber vorhanden sind, wie der Soll-Zustand auszusehen hat.[9] Dabei soll die Ist-Analyse auch die Analyse des Technikbestandes umfassen, selbst wenn der Anforderungskatalog für das Informationssystem keine Technikforderungen beinhaltet, sondern sich auf Aufgaben und Funktionen beschränkt. Auf die Informationen über den Technikbestand wird jedoch später, in der Entwurfsphase, zugegriffen.

---

[8] Zu den Planungsbegriffen vgl. *Wild, J.*: Grundlagen der Unternehmensplanung, 1974, S. 178 f.

[9] Vgl. *Heinrich, L.J. / Burholzer, P.*: Systemplanung, Bd.1, 1989, S. 276

In der Definitionsphase sowohl des Gesamtsystems als auch der Subsysteme ist zu berücksichtigen, daß ein gut funktionierendes Informationssystem sich dadurch auszeichnet, daß die Software an die betriebliche Realität angepaßt ist. Eine mangelhafte Adaption ist ursächlich für die Hauptprobleme der Informationstechnik. Dazu zählen vor allem Ineffizienz und ungenügende Akzeptanz von Seiten der Systembenutzer.[10] Die Folge ist ein enormer Kostenanstieg, hervorgerufen durch Nachbesserungen, der sich negativ auf die angestrebten Rationalisierungseffekte auswirkt.[11] Deshalb muß der Anforderungskatalog immer mit einer genauen Ist-Analyse abgestimmt sein. Ferner ist vor der Einführung des Informationssystems darauf zu achten, daß organisatorische Mängel beseitigt sind.

Nach der Ist-Analyse und der Definition des Bedarfs wird die Grundkonzeption aus der Planungsphase an die neugewonnenen Erkenntnisse angepaßt.[12] Diese neue Grundkonzeption ist das Endergebnis der Definitionsphase und Grundlage des sich anschließenden Systementwurfs.[13]

Die Definitionsphase verläuft für das Gesamtsystem und die Subsysteme sehr ähnlich. Sie unterscheiden sich lediglich im Detaillierungsgrad, in der Fristigkeit und in den beteiligten Personengruppen. An der Definitionsphase des Gesamtsystems wirken das Informationsmanagement sowie das höhere und mittlere Management mit. Bei der Definition des Bedarfs der Subsysteme müssen die direkten Anwender beteiligt werden. Das kann unter Umständen auch wieder das Management sein. Oftmals sind es aber völlig andere Personengruppen, mit unterschiedlichen Ansprüchen, Fachgebieten, Kenntnissen, unterschiedlicher Motivation und ungleich stark ausgeprägtem Willen zur Kooperation.

3. Die Entwurfsphase

In der Entwurfsphase wird eine konkrete Lösung für die Ausgestaltung des Informationssystems entwickelt. Die Entwurfsphase ist zweigeteilt: Sie umfaßt den konzeptuellen Entwurf und auf diesem aufbauend den implementierungsnahen Entwurf. An dem zweiten Entwurfsabschnitt sind ausschließlich Mitarbeiter des Informationsmanagements und der operativen EDV beteiligt.

---

[10] Vgl. *Fisher, D.T.*: Produktivität durch Information-Engineering, 1990, S. 4 f.

[11] Vgl. ebenda, S. 6

[12] Vgl. *Heinrich, L.J. / Burgholzer, P.*: Systemplanung, Bd.1, 1989, S. 277

[13] Vgl. auch Abbildung 4.1

I. Inhaltliche Erweiterungen des traditionellen Phasenschemas

Das Entwurfsdokument des Gesamtplans besteht aus folgenden Teilen:

1.) *Beschreibung der Systemarchitektur,*
2.) *Definition der Subsysteme,*
3.) *Datenmodell,*
4.) *Funktionenmodell,*
5.) *Verteilungsmodell,*
6.) *Beschreibung der Verfahren zur Systemintegration,*
7.) *Beschreibung der Schnittstellen:*
   a) Systemtechnische Schnittstellen,
   b) Benutzer-Schnittstellen,
8.) *Projektplan,*
9.) *Vorgaben zur Entwurfsmethodik.*

Die Beschreibung der Systemarchitektur umfaßt die Struktur des Systems, die einzelnen Komponenten und die Softwarearchitektur.[14] Die Strukturbeschreibung repräsentiert abstrakt die Netzarchitektur mit den Schlüsselkomponenten *Gateways* und *Bridges*; abstrakt in dem Sinne, daß die lokalen Teilnetze nur angedeutet sein müssen. Deren Konkretisierung erfolgt erst durch die Entwürfe der Subsysteme, mit denen die Dokumentation dann ergänzt wird. Die Angaben zur Systemarchitektur sind notwendig und keine Implementierungsdetails, weil sie den Lösungsraum zur Konstruktion des verteilten Informationssystems einschränken. Z.B. verhindern Angaben zu den Mechanismen der Netzkopplung die Wahl nicht-kompatibler Netzprotokolle. Die Protokolle und die Übergänge beeinflussen wiederum die gewählte Daten- und Funktionsverteilung.

Die Subsysteme sind logisch zusammengehörige Einheiten und nicht immer unbedingt Teilnetze. Zum einen kann ein Subsystem durchaus aus mehreren lokalen Netzwerken bestehen, zum anderen kann ein Rechner auch mehreren Subsystemen angehören. Deshalb ist der Gesamtentwurf auch von solch hoher Bedeutung und nicht nur ein grobes Modell, das von den Subsystemen in jedem Punkt spezifiziert wird.

Das Daten-, das Funktionen- und das Verteilungsmodell sind allerdings genau solche abstrakten Modelle, die von den Subsystemen schrittweise verfeinert werden. Um die Daten und Funktionen durchgängig zu modellieren, stehen eine Vielzahl an hierarchischen Methoden bereit, u.a. *Structured Analysis*, die Methode von Jackson, HIPO oder SADT[15], um nur einige

---

[14] Zur Software-Architektur vgl. Kapitel B.II.2.

[15] Structured Analysis and Design Technique

Beispiele zu nennen. Ein hierarchisch ausgelegtes Entwurfsverfahren erleichtert eine durchgängige, strukturierte Modellierung, die durch keinen Verfahrenswechsel unterbrochen wird. Für das Verteilungsmodell gilt es, eine entsprechende Methode zu entwickeln. Die objektorientierte Modellierung ist aufgrund ihrer Eigenschaft der Klassenbildung dazu prädestiniert.[16] Der objektorientierte Ansatz ermöglicht es, dasgleiche Verfahren zur Modellierung zu verwenden, unabhängig davon, ob ein Verteilungsmodell für ein Subsystem oder für das Gesamtsystem erstellt wird.

Die Beschreibung der Verfahren zur Integration der verschiedenen Informationssysteme zu einem Gesamtsystem legt fest, wie die Integration auf der Ebene der Anwendungen erfolgt. Sie bildet damit die softwaretechnische Basis für den Entwurf verteilter Informationssysteme. Von praktischer Relevanz sind die zwei grundsätzlichen Möglichkeiten, die Integration über eine Datenintegration oder über Prozeßintegration zu realisieren. Eine Prozeßintegration ist gleichfalls auf zwei Arten zu implementieren: als verteilte Transaktionssysteme oder über Botschaftenaustausch zwischen Programmmodulen. Der Botschaftenaustausch von Programmen setzt die Verfügbarkeit von Programmiersprachen voraus, die verteilte Programmierung unterstützen, wie z.B. die Programmiersprache Ada. Die Entscheidung über das gewählte Verfahren beeinflußt die Modellkonstruktion wesentlich. Es ist zwar nicht der Fall, daß sich die Verfahren gegenseitig ausschließen, aber erstens erfordert der Umgang mit verteilten Datenbanken, verteilten Transaktionssystemen oder den speziellen Programmiersprachen intensive Kenntnisse der jeweiligen Werkzeuge, und zweitens stellen die zugehörigen Lizenzgebühren einen beachtlichen Kostenfaktor dar, so daß sich die EDV i.d.R. auf eines der Verfahren spezialisiert.

Neben der Einigung über die Integration auf der Anwendungsebene ist noch die Kompatibilität auf der Kommunikationsebene sicherzustellen. Das wird über die Beschreibung der Schnittstellen zur Kommunikation erreicht. Damit sind die wählbaren Kommunikationsprotokolle und die geplanten Übergänge in der Netzwerk-Architektur festgelegt. Die restlichen System- und Benutzerschnittstellen sind wie bei zentralen Informationssystemen zu entwerfen und zu dokumentieren.[17]

Die Projektplanung weist im Vergleich zur Planung von zentralen Informationssystemen keine zusätzlichen Schwierigkeiten auf. Neu hinzu kommen unter Punkt 9) die Vorgaben zur Entwurfsmethodik, um einen einheitlichen und durchgängigen Entwurf zu gewährleisten. Dieser Teil der Dokumentation

---

[16] Vgl. Abschnitt C

[17] Vgl. z.B. die Ausführungen von *Denert, E.*: Software-Engineering, 1991, S. 70

entfällt im schriftlichen Ergebnis des Entwurfs der Subsysteme; ansonsten entsprechen sich Art und Inhalt des Aufbaus. Unterschiede liegen im Detaillierungsgrad des Projektplans, der geforderten Modelle für die Daten, Funktionen und die Verteilung sowie in den unterschiedlich detaillierten Beschreibungen der Schnittstellen und der Systemarchitektur. Hingegen liegen der Definition von Subsystemen voneinander abweichende Auffassungen zugrunde. Während im Entwurf des Gesamtsystems Subsysteme mit Hilfe von organisatorischen Kriterien abgegrenzt werden, verwendet der Entwurf der operativen Ebene softwaretechnische Kriterien und steht im engen Zusammenhang mit dem Verteilungsmodell.[18]

Es ist nicht möglich, den Entwurf eines verteilten Informationssystems von der anschließenden Implementierung völlig abzutrennen. Das trifft insbesondere für den Technikbedarf zu und hierbei sowohl für die hard- als auch für die softwaretechnische Komponente. Die bedeutendste softwaretechnische Komponente besteht in den Verfahren zur Systemintegration, die schon im Entwurf festgelegt werden, weil sie die Konstruktion der Modelle beeinflussen. Ebenso muß der Hardware-Bedarf in dem Verteilungsmodell berücksichtigt werden. Dabei ist sowohl der quantitative, also die Anzahl und die Kapazität der Techniksysteme und deren Komponenten, als auch der qualitative Technikbedarf, ausgedrückt durch die Funktions- und Leistungsmerkmale, von Bedeutung. Der sogenannte Bruttobedarf an Technik muß im Entwurf aus den funktionalen Anforderungen der Definitionsphase abgeleitet werden. Dieser ergibt dann verrechnet mit dem Technikbestand, der in der Ist-Analyse zu erheben war, den Nettobedarf. Der Technikbestand ist folgendermaßen zu klassifizieren:[19]

1) Hardware-Bestand: Benutzerendgeräte, Speichersysteme, Verkabelung, Peripherie oder komplette Computersysteme,

2) Software-Bestand: sämtliche Systemprogramme, wie Betriebssysteme, Compiler, Datenbanken etc.,

3) Anwendungssoftware-Bestand: Anwendungsprogramme, die bereits verfügbar sind oder mit dem vorhandenen, eigenen Entwicklungspotential entwickelt werden sollen.

---

[18] Vgl. Abschnitt D

[19] Vgl. *Heinrich, L.J. / Burholzer, P.*: Systemplanung, Bd.2, 1989, S. 86 f.

72   B. Besonderheiten der Systemspezifikation verteilter Informationssysteme

Bei Entscheidungen darüber, in welcher Art und in welchem Ausmaß der Technikbestand zu ergänzen ist, müssen zwei grundlegende Kriterien berücksichtigt werden. Zu beachten sind erstens die Verträglichkeit der vorhandenen Techniksysteme mit den Systemen des ermittelten Bruttobedarfs und zweitens die Wirtschaftlichkeit der vorhandenen Techniksysteme sowie die Beeinflussung der Wirtschaftlichkeit des neuen Gesamtkonzeptes durch den Technikbestand.[20]

Der Entwurf eines verteilten Informationssystems ist aufwendig und komplex. Er muß eine Top-down- und eine Bottom-up-Vorgehensweise miteinander verbinden. Der Entwurf des verteilten Gesamtsystems erfolgt top-down und steuert die Entwicklungen der verteilten Informationssysteme, die Bestandteile des Gesamtsystems sind und den Entwurf ´von unten her´ vervollständigen. Besonderer Wert ist auf Vollständigkeit und stringente Koordination zu legen. Bei der Vielzahl an arbeitsteiligen Vorgängen in einem verteilten Informationssystem besteht die Gefahr, gebotene Maßnahmen zu vergessen, die weitreichende Konsequenzen haben können.[21] Eine präzise Koordination ist deshalb vonnöten, weil innerhalb verteilter Informationssysteme eine Vielzahl an Interdependenzen besteht. Die Effizienz des Systems wird erst dann deutlich, wenn zumindest die stark voneinander abhängigen Bereiche parallel entwickelt und fertiggestellt werden.

II. Spezielle Aspekte der Planung verteilter Systeme

Wohl keine andere Aufgabe fordert das Informationsmanagement in vergleichbarem Maße wie das Vorhaben, ein verteiltes System zu planen. Der Informationsmanager muß dazu seinen Rollen als Futurist, Stratege, Planer und Vorgesetzter gerecht werden.[22] Als Futurist fällt ihm die schwierige Aufgabe zu, die Technikfolgen abzuschätzen. Dazu muß der Informationsmanager in der Lage sein, die Konsequenzen einer neuen Technik im Unternehmen vorwegzunehmen, sich abzeichnende Trends erkennen und Technologien ohne Zukunft auszufiltern. Die gewonnenen Erkenntnisse und Prognosen stellen die Weichen für die Technikplanung des Betriebes. Wie alle strategischen Planungen ist es eine Planung unter Unsicherheit. Die aktuelle Diskussion um die Art der Verkabelung ist ein typisches Beispiel. Es bleibt

---

[20] Vgl. *Heinrich, L.J. / Burholzer, P.*: Systemplanung, Bd.2, 1989, S. 87

[21] Darin besteht eine Analogie zu den Zielen der Aktionsorientierten Datenverarbeitung. Vgl. hierzu *Mertens, P. / Hofman, J.*: Aktionsorientierte Datenverarbeitung, 1986, S. 324

[22] Zu den Rollen eines Informationsmanagers vgl. *Martiny, L.*: Informationsmanagement auf der Basis gewachsener Unternehmensstrukturen, 1987, S. 212 - 221

strittig, ob es wirtschaftlicher ist, sofort in Glasfaserkabel zu investieren oder vorerst mehrere Kupferkabel zu verlegen. Die hohen Bandbreiten der Glasfaserkabel sind für die meisten aktuellen Anwendungen überdimensioniert. Die Investitionen werden mit der Erwartung neuer Netzdienste und Multimedia-Anwendungen gerechtfertigt. Für das Kupferkabel spricht, daß sich der Bedarf an Übertragungsleistungen noch nicht präzisieren läßt. Die Amortisationsdauer der Kupferkabel liegt bei circa fünf Jahren.[23] Danach können dann die Kabel zu niedrigeren Kosten gegen Lichtwellenleiter ausgetauscht werden.

Die konventionelle Systemplanung mit Hardware-, Software- und Organisationsplanung muß ausgedehnt werden, damit ein vollständiges verteiltes System gestaltet werden kann. Hinzu kommen Entscheidungen über die softwaretechnischen Verfahren zur Systemintegration, über die Kommunikationsprotokolle und über die Netzwerk- oder die verteilten Betriebssysteme. Wichtige Ergänzungen sind weiterhin die Modelle zur Allokation von Daten und Programmen. Diesbezüglich können die Alternativen nur richtig bewertet werden, wenn die Ergebnisse der Hardware-Auswahl in die Konstruktion der Entscheidungsmodelle miteinfließen. Die Anzahl und die Eigenschaften der eingesetzten Hardware sowie organisatorische Rahmenbedingungen beeinflussen insbesondere die Modelle zur Allokation. Ziel ist es, den Entwurf aus dem Software-Engineering des Informationssystems von der Implementierung weitgehend loszukoppeln. Während der Entwurf erstellt wird, sollte das Wissen über die zugrundeliegende Technik jedoch berücksichtigt werden.

Zur Zeit gilt das Hauptinteresse der Systemplanung der verteilten Hardware und ihrer unternehmensweiten Vernetzung. In den meisten Fällen wird dabei allerdings das ausschließliche Ziel verfolgt, einen Kommunikationsverbund zu schaffen. Auf eine spätere Kooperation ist die Planung nur selten ausgelegt. Aufwendige und teuere softwaretechnische Anpassungsmaßnahmen sind bei Planungen mit derart kurzem Zeithorizont mit hoher Sicherheit vorherzusagen.

1. Dimensionen der Verteilung

Die Verteilung, das zentrale Merkmal von verteilten Systemen, betrifft folgende drei Einheiten:[24]

---

[23] Laut Angaben der Schneider & Koch GmbH, zitiert in: *Martens, H.*: Anatomie einer Vernetzung, 1992, S. 68

[24] Vgl. *Niedereichholz, J. / König, W.*: Informationstechnologie der Zukunft, 1985, S. 172

1) Die Hardwarekapazitäten,
2) Die Kontrollfunktionen sowie
3) Die Daten und deren Verarbeitung.

Die Hardware, das sind die physischen Betriebsmittel, ist von den drei Dimensionen diejenige, die am einfachsten zu verteilen ist.[25] Voraussetzung dazu ist allerdings, daß der Bedarf exakt vorbestimmt ist. Die physische Verteilung entspricht im allgemeinen den Institutionen und Funktionen im Realsystem. Die Verteilung aufgrund funktionaler Gegebenheiten wird über Sicherheitsanforderungen und Spezialbedarf - z.B. Bedarf von speziellen Graphiksystemen - geplant. Für die durch sonstige Organisationsstrukturen bedingte Rechnerzuordnung gibt es mehrere Lösungsalternativen. Diese sind nicht ausschließlich mit Kosten- und Leistungsargumenten zu bestimmen. Im Vordergrund stehen statt dessen Anforderungen an die Autonomie der Organisationseinheiten.

Primäres Kontrollsystem ist das Betriebssystem. Das Betriebssystem ist die Gesamtheit der Programme eines Rechnersystems, die die Ausführungen von Programmen steuern und die zugänglichen Betriebsmittel verwalten.[26] Im einzelnen sind folgende Aufgaben zu unterscheiden:[27]

1) Aktivierung von Prozessen für Programmaufträge,
2) Zuteilung von Betriebsmitteln zu Prozessen,
3) Bereitstellung von Mechanismen für die Kommunikation,
4) Koordination und Abschirmung der Prozesse,
5) Reaktion auf besondere Ereignisse (z.B. Unterbrechungen) sowie
6) Zugriffskontrolle.

Grundsätzlich unterscheiden sich die Aufgaben von Betriebssystemen in zentralen oder verteilten Systemen nicht. Die Lösungsmechanismen, die in zentralen Systemen verfügbar sind, um bestimmte Aufgaben zu erfüllen, können allerdings in dieser Form in verteilten Systemen nicht verwendet werden. Beispielsweise läuft die Prozeßkommunikation in zentralen Systemen - auch in Multi-Prozessor-Systemen - über den Zugriff auf einen gemeinsamen Speicher ab. Weiterhin ist die Koordination der Prozesse in zentralen Systemen einfacher zu bewerkstelligen, da eine zentrale Kontrollinstanz existiert. Entscheidend ist, daß das alleinige Betriebssystem

---

[25] Vgl. *Niedereichholz, J./König, W.*: Informationstechnologie der Zukunft, 1985, S. 172

[26] Vgl. *Zima, H.*: Betriebssysteme: parallele Prozesse, 1986, S. 35 und *Zimmermann, W. / Goos, G.*: Betriebssystem, 1990, S. 58

[27] Vgl. *Zima, H.*: a.a.O., S. 36

zu jedem Zeitpunkt eine eindeutige Sicht über den Zustand des Systems besitzt. Diese eine ausgezeichnete Sicht über den Systemzustand existiert in einem verteilten System nicht. Der Grund dafür liegt in der Zeitverzögerung wegen der länger dauernden Kommunikation und Abstimmung. Deshalb hat jeder Rechner-Knoten im System zu jedem Zeitpunkt unterschiedliche Informationen über den Zustand des Gesamtsystems. Planung, Koordination und Ressourcenvergabe müssen in verteilten Systemen somit oftmals mit veralteten Informationen vorgenommen werden. Diese Problematik ist unter der Bezeichnung *Unschärfeprinzip* in verteilten Systemen bekannt.[28]

In einem verteilten System lassen sich drei Modi für Betriebssysteme unterscheiden, die den Grad der Integration des Systems kennzeichnen. Auf einer ersten Stufe werden die lokalen, autonomen Betriebssysteme um Kommunikations-Schnittstellen ergänzt. Eine Anwendung wird dann von einem lokalen Betriebssystem verwaltet und kann über die Kommunikations-Schnittstelle netzweit kommunizieren. Das in diesem Sinne erweiterte lokale Betriebssystem heißt *netzwerkfähiges Betriebssystem*.[29]

Einen höheren Integrationsgrad haben sogenannte *Netz-Betriebssysteme*. Auch diese werden als Erweiterungen von lokalen Betriebssystemen implementiert. Ergänzende Funktionen befähigen die lokalen Betriebssysteme, zusätzlich mit Funktionsaufrufen, eigenständig miteinander zu kooperieren.[30] Der Leistungsumfang eines Netz-Betriebssystems ist nicht eindeutig festgelegt, es stellt aber i.d.R. einen hohen Grad an Ortstransparenz bereit, konvertiert abweichende Datenformate, synchronisiert entfernte Prozesse und ähnliches. Die Zugriffsrechte und die Betriebsmittel werden immer autonom von den lokalen Rechnern verwaltet.

Völlig andersartig aufgebaut sind hingegen verteilte Betriebssysteme. Ein verteiltes Betriebssystem ist **ein** vollständiges Betriebssystem, das auf verteilten Ressourcen implementiert ist.[31] Es ist funktional aufgeteilt und kooperiert selbst über Prozesse, um die verteilten Dienste des Betriebssystems bereitzustellen. Dazu besteht ein verteiltes Betriebssystem aus mehreren funktionalen Schichten, von denen eine Basis-Schicht, der sogenannte *Kernel*, auf jedem Rechnerknoten im System vorliegt. Trotzdem minimieren die verteilten Betriebssysteme die funktionale Redundanz von netzwerkfähigen

---

[28] Vgl. *Herrtwich, R.G.*: Betriebsmittelvergabe unter Echtzeitgesichtspunkten, 1991, S. 133

[29] Vgl. *Steinmetz, R. / Schmutz, H. / Nehmer, J.*: Netz-Betriebssystem/verteiltes Betriebssystem, 1990, S. 38

[30] Vgl. *Steinmetz, R. / Schmutz, H. / Nehmer, J.*: Netz-Betriebssystem/verteiltes Betriebssystem, 1990, S. 38

[31] Vgl. *Bowen, J.P. / Gleeson, T.J.*: Distributed operating systems, 1990, S. 5

oder Netz-Betriebssystemen, weil eben keine kompletten Betriebssysteme auf jedem Rechner installiert sind. Das impliziert, daß die Autonomie von Rechnerknoten aufgegeben wird und das verteilte System im engeren Sinne eine Einheit darstellt. In einem echten verteilten Betriebssystem verlieren die Bezeichnungen 'lokal'und 'entfernt' damit ihre Bedeutung.[32]

Im akademischen Bereich sind verteilte Betriebssysteme bereits im Einsatz und werden zusätzlich weiterentwickelt. Darunter fallen z.B. *Amoeba* von der Vrije Universiteit and the Centre for Mathematics and Computer Science in Amsterdam sowie *Argus*, ein objekt-orientiertes verteiltes Betriebssystem, das am Massachusetts Institute of Technology (MIT) entwickelt wird.[33] In privaten Unternehmen befinden sich verteilte Betriebssysteme noch nicht im Einsatz. Das wird sich in naher Zukunft auch nicht ändern, weil die großen Anbieter von Hard- und Software zur Zeit noch keine verteilten Betriebssysteme in ihre Produktsortimente aufgenommen haben. Bekannt und auf unterschiedlichen Rechner-Systemen lauffähig ist hingegen das *Network File System* (NFS) von *SUN Microsystems Inc.*, das eine wesentliche Funktion eines verteilten Betriebssystems bereitstellt. Es ermöglicht in einem heterogenen Computer-Netzwerk den systemweiten Zugriff auf Dateien und Dateiverzeichnisse, ohne jedesmal die Dateien auf den lokalen Rechner kopieren zu müssen. Insbesondere für Rechner ohne eigenen Sekundärspeicher ist dies sehr wertvoll. Für den Anwender entsteht der Eindruck, lokal ein großes Dateisystem verfügbar zu haben, obwohl die zugehörigen Dateien netzweit verteilt sind. Mit dieser Funktion ermöglicht NFS einen permanenten Schreib-/Lesespeicher-Zugriff in Form von Dateien und entlastet dadurch das Betriebssystem. Es ist für unterschiedliche Rechnertypen implementiert und von mehreren Herstellern erhältlich, da SUN das Protokoll zur Verfügung stellt.[34] In Zukunft sind noch weitere solche Produkte zu erwarten, die dem Trend zu offenen Systemen gerecht werden.

Die Verteilung der Daten im weiten Sinne umfaßt drei Entitäten: erstens die Daten im engeren Sinne, zweitens die Funktionen, Anwendungen oder Module und drittens die Lasten. Die Verteilung der Daten im engeren Sinne kann organisatorisch im System entweder über verteilte Dateisysteme oder verteilte Datenbanken erfolgen. Die Entscheidung für eine der Vorgehensweisen fordert einen Kompromiß zwischen Betriebskosten, Effizienz, Flexibilität und Verwaltungsaufwand.

---

[32] Vgl. *Steinmetz, R. / Schmutz, H. / Nehmer, J.*: a.a.O., S. 39

[33] Vgl. *Bowen, J.P. / Gleeson, T.J.*, a.a.O., S. 10 ff.

[34] Vgl. *Bowen, J.P. / Gleeson, T.J.*: Distributed operating systems, 1990, S. 13

II. Spezielle Aspekte der Planung verteilter Systeme

Verteilte Dateisysteme sind einfacher zu verwalten und zu implementieren. Deshalb können sie kostengünstiger zur Verfügung gestellt werden. Weiterhin sind sie im Vergleich zu verteilten Datenbanken leichter zu modellieren. Das liegt aber primär in ihrer Unflexibilität begründet und in den eingeschränkten Möglichkeiten, die sie zur Datenmanipulation bereitstellen. Dadurch entsteht zwangsläufig ein eingeschränktes, weniger komplexes Modell. Die Nachteile verteilter Dateisysteme sind die Vorteile verteilter Datenbanken und vice versa.[35]

Für den Systementwurf ist neben der organisatorischen noch eine weitere Sichtweise der Datenverteilung bedeutend. Diese soll im folgenden logische Datenverteilung heißen. Die Daten sind logisch durch Partitionieren oder Replizieren zu verteilen. Bei einer reinen Datenpartitionierung[36] werden aus der Gesamtmenge der Daten überschneidungsfreie Teilmengen gebildet. Diese Teilmengen werden auf verschiedenen Rechnern im System allokiert. Bei der reinen Partitionierung darf keine Teilmenge mehrfach vorkommen. Im Gegensatz hierzu werden die Daten mit Hilfe der Datenreplikation über identische Kopien verteilt. Beide Vorgehensweisen sind zu kombinieren, um ein logisches Verteilungsmodell zu entwickeln.[37]

Die Datenpartitionierung minimiert den Speicherbedarf, erhöht aber den Kommunikationsaufwand im System, und es wächst die Gefahr, daß häufig benötigte Daten zum systemweiten Engpaß werden. Ferner wird in diesen Fällen darauf verzichtet, eine erhöhte Ausfallsicherheit im System durch Datenredundanz zu erreichen. Die Datenverwaltung ist hingegen erheblich vereinfacht, weil der Aufwand für die Integrität sämtlicher Kopien entfällt. Es ist zu beachten, daß eine Datenreplikation zwar den Kommunikationsverkehr im Netz für die direkten Datenzugriffe reduziert, die Kommunikation zur Datenverwaltung aber anspruchsvoller wird. Ab einer kritischen Größe kompensiert der Aufwand solcher verwaltungsinduzierter Kommunikationsvorgänge die eingesparten direkten Datenzugriffe.

Die Verteilung von Funktionen und Applikationen hängt primär von der Hardware und von der Organisationsstruktur ab. Das ist bei der Lastzuteilung anders, da diese, falls sie automatisch vorgenommen wird, auf ausgewählten Algorithmen beruht. Die Zuteilung von Lasten kann als dynamische Daten- und Funktionsverteilung zur Laufzeit des Systems gesehen werden. Dazu müssen in einem verteilten System Freiheitsgrade bezüglich der Auswahl der

---

[35] Vgl. hierzu auch Kapitel B.III.1.

[36] Zu den Arten der Datenpartitionierung vgl. Kapitel B.III.1.

[37] Vgl. das Modell zur Allokation von Daten und Anwendungen in Abschnitt D

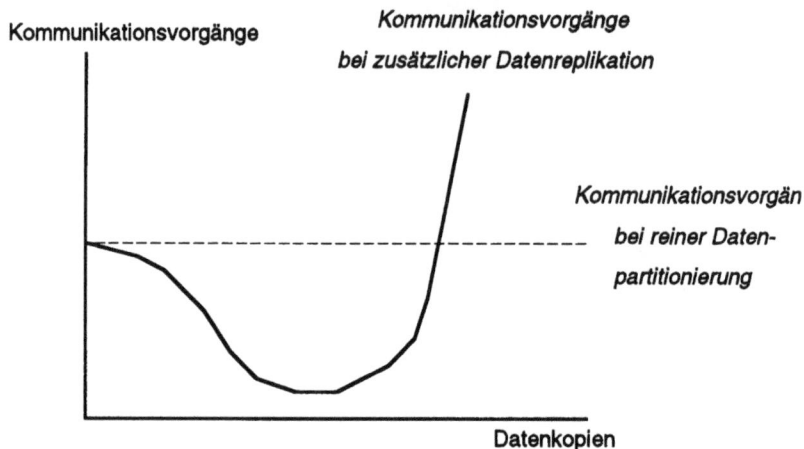

Abbildung B-3.: Kommunikationsvorgänge bei der Datenpartitionierung und der Datenreplikation

Rechner bestehen, auf denen Anwendungen oder einzelne Prozesse ausgeführt werden können. Die Wahl der Prozessoren kann dem Betriebssystem überlassen werden, das - abhängig von der Auslastung und den vom Prozeß benötigten Ressourcen - über die Zuordnung entscheidet.[38] Dabei können die Auswahlverfahren beliebig komplex sein oder auf relativ simplen Heuristiken beruhen.[39] Noch entscheidet der Anwender allerdings zumeist selbst über den Ausführungsort seiner Applikation oder es findet keine dynamische Zuordnung statt. Die Zuteilung von Prozessen und Daten ist a priori festgelegt und statisch.

2. Architektur verteilter Systeme

Die Struktur eines verteilten Systems besteht aus physikalisch verteilten Rechnersystemen, die durch ein Kommunikationsnetz miteinander verbunden sind. Jedes Rechnersystem muß eigene Verarbeitungskapazität, also Prozessoren und Speicher, besitzen; kann aber auch noch über weitere Ressourcen verfügen und diese bereitstellen oder selbst ein eigenes Rechnernetz sein. Das Kommunikationssystem hat die Aufgabe, die Kommunikation zwischen den individuellen Rechnersystemen zu vollziehen, damit

---

[38] Vgl. *Jablonski, S.*: Datenverwaltung in verteilten Systemen, 1990, S. 51

[39] Zur Klassifikation der Strategien zur Lastverteilung in verteilten Systemen vgl. *Mittermaier, P.*: Optimale Lastverteilung in verteilten Systemen, 1992, S. 89 - 106

diese in ihren Ausführungen miteinander kooperieren können. Der konzeptionelle Aufbau jedes Rechnerknotens im System kann mit Hilfe folgender Schichtenarchitektur beschrieben werden:[40]

Schicht	*Beispiele von Funktionen*
Anwendungssoftware	Überwachungs- und Steuerungsprogramme, Informationssuche, Datenbankoperationen, E-Mail,
Dienstprogramme	Gerätetreiber, Druckerserver, Dateitransfer
Lokales Betriebssystem	Ressourcen- und Zugriffskontrolle, Speicherverwaltung, Interprozeßkommunikation
Hardware	Prozessoren, Speicher, Ein/Ausgabe, sonstige Betriebsmittel
Kommunikationssystem	Verbindungsaufbau, Fehlerüberwachung, Wegewahl

Die Grenzen der Software-Schichten sind nicht eindeutig festzulegen. Oftmals beinhaltet Anwendungs-Software viele der Dienstprogramme, wie z.B. Druckertreiber, oder es können sogar Aufgaben des Betriebssystems ersetzt werden. So übernehmen beispielsweise Transaktionssysteme die Koordination der Transaktionen, realisieren den entfernten Funktionsaufruf oder verwalten über dem Betriebssystem eine eigene Zeitzuteilung.[41] Gleichermaßen verschwimmen die Grenzen zwischen dem Betriebssystem und dem Kommunikationssystem sowie zwischen der Anwendungs-Software und dem Kommunikationssystem. Auch wenn die Schichtenstruktur nicht eindeutig festzulegen ist, folgt sie einem sinnvollen Ordnungs- und Konstruktionsprinzip. Die Schichten greifen auf die Dienste untergeordneter und benachbarter Schichten zu, um ihre eigenen Aufgaben einfacher und effizienter zu erfüllen. Ziel ist es, eine modulare Struktur unter strikter Wahrung des Geheimnisprinzips aufzubauen. Das Geheimnisprinzip des Software-Engineer-

---

[40] Vgl. *Sloman, M. / Kramer, J.*: Verteilte Systeme und Rechnernetze, 1989, S. 22

[41] Zum Beispiel *Time-sharing option* (TSO) von IBM. Vgl. *Cypser, R.J.*: Communications Architecture for Distributed Systems, 1978, S. 69

80   B. Besonderheiten der Systemspezifikation verteilter Informationssysteme

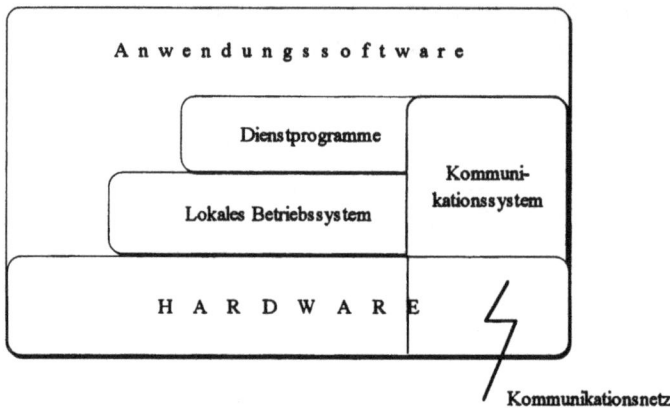

Abbildung B-4.: Schichtenarchitektur eines Rechnerknotens in einem verteilten System[42]

ings erfordert, daß Details der Implementierung den Nutzern der Dienste verborgen bleiben. Die Anwender sollen lediglich Kenntnisse über die Funktionsart und den formalen Aufruf der Dienste besitzen. Das beinhaltet eine explizite und vollständige Beschreibung der Schnittstellen, aber keinerlei Informationen über die Art wie die Dienste realisiert sind.[43]

Die beschriebene Schichtenstruktur verspricht drei Vorteile:[44]

(1) Unabhängigkeit zwischen den Schichten:
Die Implementierung von Schichten kann geändert oder ergänzt werden ohne Nebenwirkungen auf andere Systemfunktionen. Das erhöht die funktionale Flexibilität des Systems in hohem Maße.

(2) Einfachere Implementierung und Wartung:
Diese Eigenschaft hängt direkt mit der Unabhängigkeit der Schichten zusammen. Zusätzlich zur guten Änderbarkeit erleichtert die Struktur die schrittweise Implementierung und vereinfacht das Testen von Funktionen.

---

[42] Vgl. *Sloman, M. / Kramer, J.*: Verteilte Systeme und Rechnernetze, 1989, S. 23

[43] Vgl. *Balzert, H.*: Die Entwicklung von Software-Systemen, 1982, S. 212 ff.

[44] Vgl. *Sloman, M. / Kramer, J.*: Verteilte Systeme und Rechnernetze, 1989, S. 25 f.

(3) Förderung von Standards:
Die Schnittstellendefinitionen sollen auf unterschiedlicher Hardware identisch sein sowie auch unabhängig von der eingesetzten Software-Technik.

Obwohl die Schichten unabhängig voneinander sind und sich sogar gegenseitig Dienste anbieten, existieren in verteilten Systemen Probleme des Entwurfs, die in sämtlichen Software-Schichten auftreten können. Zu den wichtigsten Entwurfsentscheidungen, die mit der Schichtenarchitektur zusammenhängen, gehören:

1) Modularität:
Anwendungen oder Funktionen müssen in Module zerlegt werden, um verteilt zum Einsatz kommen zu können. Das gilt gewissermaßen auch für die Daten. Obwohl die verteilbaren Dateneinheiten nicht als Daten-Module bezeichnet werden, steht dieselbe Idee dahinter. Die modulare Struktur mit streng definierten Schnittstellen verspricht erstens weitgehende Unabhängigkeit von Datenbank-, Datenverarbeitungs- und Kommunikations-Strukturen, zweitens die Möglichkeit, die Module getrennt weiterzuentwickeln, ohne große Nebeneffekte befürchten zu müssen, und drittens einfacheres Lokalisieren und Identifizieren von Fehlern.[45]

2) Namensgebung:
Das Identifizieren von Ressourcen ist eine zentrale Funktion jedes Rechnersystems. Diese Funktion wird für verschiedene Zwecke in allen Schichten verwendet, z.B. Schutz, Fehlerüberwachung, Ressourcenverwaltung, Zugriff oder Aufruf. Es muß sichergestellt werden, daß der Name auf einer Schicht eindeutig ist, Abbildungsmechanismen vorliegen, um die Namen zwischen den Schichten zu konvertieren, und daß die Formate der Namen innerhalb einer Schicht festgelegt sind.[46] Der Name selbst kann ortsunabhängig sein. Er wird erst durch eine zugeordnete Adresse im System lokalisiert. Je später - möglichst erst zur Laufzeit - ein Name in die zugehörige Adresse übersetzt werden muß, desto flexibler ist das System.

---

[45] Vgl. *Cypser, R.J.*: Communications Architecture for Distributed Systems, 1978, S. 70

[46] Vgl. *Sloman, M. / Kramer, J.*: Verteilte Systeme und Rechnernetze, 1989, S. 35

Neben den Formaten und den Konvertierungsmechanismen sind Entscheidungen über die Namensräume zu treffen. Unter einem Namensraum wird der Kontext der Namensverwendung und der Gültigkeitsbereich des Namens verstanden. Der Namensraum kann *a)* global sein, dann wird systemweit ein einziger Namensraum benutzt, *b)* lokal oder domänorientiert, so daß jeder Rechner oder alle Gruppen von Rechnern einen eigenen Namensraum besitzen oder *c)* hierarchisch. Bei hierarchischen Namensräumen ist der volle Name - z.B. *Land.Netz.Station.Port* - global eindeutig; Abkürzungen sind hingegen nur in lokalen Umgebungen genau bestimmt. Der hierarchische Aufbau ist ein Kompromiß zwischen globalen und lokalen Namensräumen. Während die Struktur eines globalen Namensraumes einfach und effizient, aber ab einer gewissen Größe nicht mehr zu verwalten ist und unflexibel wird, verlangen lokale Namensräume besondere Abwicklungen. Sie müssen im Kontext interpretiert werden können und setzen effizientes *Broadcasting*[47] voraus. Der Identifikationsauftrag geht nämlich an jede Station im Netz. Falls keine Duplikate existieren, kann der Auftrag von einer Rechnerstation im gebrauchten Kontext interpretiert und erfüllt werden.[48]

3) Konsistenz und Synchronisation:
Die Synchronisation und die Erhaltung der Konsistenz in verteilten Systemen wird, im Vergleich zu zentralen Systemen, durch die im Zusammenhang mit den Betriebssystemen bereits beschriebenen unterschiedlichen Sichten des Systemzustandes zusätzlich erschwert. Hinzu kommen Kommunikationsfehler oder Ausfälle von Komponenten, die zwar nur Teile eines Auftrages betreffen, aber das Ergebnis der gesamten Ausführung gefährden.
Der zur Zeit bevorzugte Lösungsweg zur Sicherung der Konsistenz des Systemzustandes besteht darin, mit atomaren Operationen zu arbeiten. Kennzeichen einer atomaren Operation ist die Unteilbarkeit, auch als *'Alles oder*

---

[47] Kommunikationsform, bei der eine abgesendete Nachricht in einem Kommunikationsnetz von allen angeschlossenen Stationen empfangen wird.

[48] Vgl. *Sloman, M. / Kramer, J.*: Verteilte Systeme und Rechnernetze, 1989, S. 36 f. und

Nichts Semantik' bekannt. Das bedeutet, daß die Operation entweder vollständig oder gar nicht ausgeführt wird. Um diese Vorgehensweise realisieren zu können, müssen von der Verwaltung des Systems Aufsetzpunkte vorgemerkt werden, auf die das System im Falle eines Abbruchs wieder so zurückgesetzt werden kann, als ob die atomare Operation nicht abgelaufen wäre.

Zur Synchronisation stehen verschiedene Verfahren zur Verfügung, die sich abhängig von der jeweiligen Schicht anbieten: z.B. zirkulierende Zugriffsberechtigungen, das Setzen von Sperren oder der Einsatz von Zeitstempel-Verfahren.[49]

4) Sicherheit und Fehlerüberwachung:
Die Sicherheit in verteilten Systemen wird durch gewollte Redundanz und durch Algorithmen zur Fehlerbehebung erhöht. Mechanismen für die Fehlerüberwachung sind von den spezifischen Bedürfnissen und den untergeordneten Schichten abhängig. So ist beispielsweise die Anwendungsschicht von aufwendigen Fehlerkorrekturen befreit, wenn ein zuverlässiges Kommunikationssystem zugrunde liegt. Gleichzeitig wird die Fehlerkontrolle durch die Tatsache erschwert, daß die benötigten Informationen dieselben fehleranfälligen Schichten durchlaufen und somit selber von Nachrichtenverzögerungen, Inkonsistenzen und Übertragungsfehlern betroffen sind.[50]

Weiterhin treten die klassischen Entwurfsprobleme auf, etwa die Definition der Darstellungsformate innerhalb der verschiedenen Schichten oder die Ressourcenverwaltung. Um diese traditionellen Aufgaben des Entwurfs von Software-Systemen anzugehen, können bekannte Methoden eingesetzt werden. Das Auffinden von Lösungen wird jedoch durch die Heterogenität des Systems erschwert.

Mit der Ausarbeitung eines umfassenden Vorschlages zur Schichtenarchitektur hat die OSF-Gruppe begonnen. Das *Distributed Computing*

---

[49] Zu den Zeitstempel- oder Locking-Verfahren vgl. beispielsweise *Date, C.J.*: An Introduction to Database Systems, Vol. 2, 1985, S. 315 und *Ullman, J.D.*: Principles of Database and Knowledge-Base Systems, Vol. 1, 1988, S. 485 f

[50] Vgl. *Sloman, M. / Kramer, J.*: Verteilte Systeme und Rechnernetze, 1989, S. 39 und *Jablonski, S.*: Datenverwaltung in verteilten Systemen, 1990, S. 45

Environment- Konzept von OSF könnte, wenn einmal abgeschlossen, eine Basis für zukünftige Systemarchitekturen werden. Bisher sind ausschließlich herstellerspezifische Architekturkonzepte von Bedeutung.

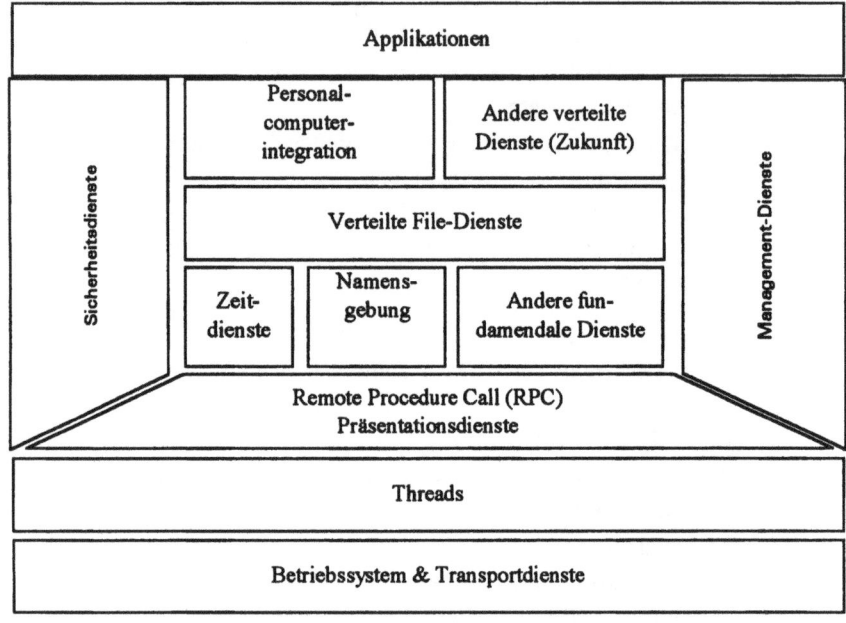

Abbildung B-5.: OSF Distributed Computing Environment[51]

3. Grundlagen des Kommunikationssystems

Das Kommunikationssystem ist eine der kritischen Komponenten in verteilten Informationssystemen, die maßgeblich die Effizienz und die Zuverlässigkeit des Systems determinieren. Das Kommunikationssystem ist selbst sehr komplex, so daß zu dessen Planung Fachleute für Rechnernetze zugezogen werden müssen.

Die im folgenden herausgehobenen Aspekte von Kommunikationssystemen sind notwendig für das Verständnis des zu erstellenden Verteilungsmodells in der Entwurfsphase des Software-Engineerings verteilter Informationssysteme. Der Entwurf und die Planung eines Kommunikationssystems für verteilte Informationssysteme sind wesentlich umfangreicher. Dabei ist der große Umfang nicht allein durch die Vielzahl der zu berücksichtigenden Kriterien

---

[51] *Mosberger, B. / Henger, G.*: Ein komplexes System von Systemen, 1992, S. 55

bedingt, sondern auch dadurch, daß die einzelnen Alternativen der Planungsgegenstände nicht frei kombinierbar sind. So legen etwa Netztopologien bestimmte Zugriffsverfahren fest, Netzwerk-Betriebssysteme arbeiten nur mit ausgewählten Kommunikationsprotokollen zusammen, um hierfür nur zwei Beispiele zu nennen. Theoretisch schränken diese Interdependenzen den Lösungsraum zwar ein, für die Praxis bedeuten sie aber meistens den Zwang zum Kompromiß und komplizieren deshalb die Planung.

Die Standardisierung ist im Bereich der Kommunikationssysteme weit fortgeschritten. Bedauerlicherweise handelt es sich in den meisten Fällen um herstellerspezifische Standards. Diese können mittlerweile zwar vereinbart werden, aber immer nur mit Effizienzverlust, weil Anpassungen und Übersetzungen notwendig sind. Für den Anwender ist es technisch am einfachsten, sich auf ein Kommunikationskonzept festzulegen, was jedoch auch mit Nachteilen verbunden ist. Zu den größten Defiziten zählen die Abhängigkeit von einem oder wenigen Anbietern und die eingeschränkten Möglichkeiten zur Spezialisierung der unterschiedlichen Netze.

Bei der Planung eines individuellen Netzes - beispielsweise für die Fertigung - sollten folgende Kriterien die Auswahl der Netzstruktur bestimmen:

a) Netzumfang,
b) Ausfallsicherheit,
c) Reaktionszeit,
d) Übertragungsleistung,
e) Flexibilität,
f) Einbindungsmöglichkeit in bestehende Konfigurationen,
g) Service und
h) Kosten

Diese Kriterien führen zu Entscheidungen über die Topologie des Netzes, die Verkabelung, die Netzwerkkarten, das Netzwerk-Betriebssystem, die Kommunikationsprotokolle, die Netzzugriffs-Verfahren, die Vermittlungstechnik, die Übertragungsart und das Netzwerk-Management. Zum Teil bedingen getroffene Entscheidungen sich dabei gegenseitig.

Die Netztopologie legt die möglichen Kommunikationswege im Netz fest. Lokale Netze werden vorzugsweise als Stern-, Ring- oder Bussysteme konzipiert.

86   B. Besonderheiten der Systemspezifikation verteilter Informationssysteme

1) Stern:

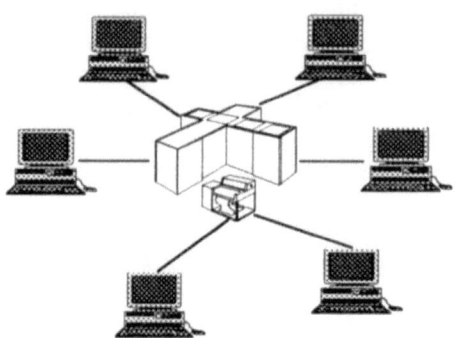

Die gesamte Kommunikation läuft über einen zentralen Rechnerknoten, der die Nachrichten empfängt und an die Zieladresse weiterleitet. Diese Topologie ist mit relativ geringem Verkabelungsaufwand einfach zu erweitern. Die Zuverlässigkeit hängt fast ausschließlich von dem zentralen Rechner ab. Fällt dieser aus, kann keine Kommunikation mehr erfolgen. Der zentrale Knoten bestimmt auch in hohem Maße die Leistungsfähigkeit des Kommunikationssystems und kann schnell zum Engpaß werden.

Da diese Nachteile schwerwiegend sind, existieren nur wenige solcher Systeme. Die meisten von ihnen werden im Zusammenhang mit der Benutzung von vorhandenen Nebenstellenanlagen installiert.[52]

2) Ring:

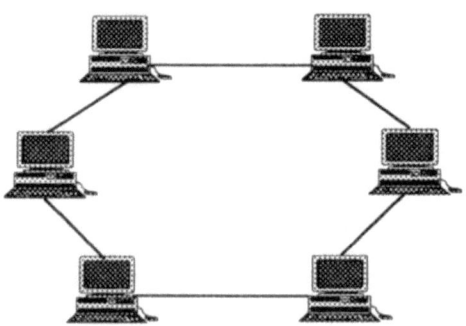

---

[52] Vgl. *Kauffels, F.-J.*: Lokale Netze - Status Quo und Progress, 1983, S. 465

Bei der Ringtopologie besitzt jeder Knoten zwei fest definierte Nachbarn. Nachrichten werden von Station zu Station weitergeleitet, bis der Zielknoten erreicht ist. Damit das Kommunikationssystem nicht vollständig ausfällt, wenn eine Leitung defekt ist, wird die Ringleitung meistens doppelt verlegt. Die Ringtopologie ist relativ einfach zu erweitern, aber die Übertragungszeiten für Nachrichten nehmen bei wachsender Teilnehmeranzahl zu. Ab einer gewissen Größe muß das Netz in Subnetze aufgeteilt werden, die über *Brücken* (*Bridges*) miteinander verbunden sind.

Das Ringsystem wird meistens im Zusammenhang mit dem *Token-Ring*-Zugriffsverfahren gesehen. Der *Token* ist ein festgelegtes Bitmuster, das auf dem Ring zirkuliert. Der Besitz des *Tokens* beinhaltet die Sendeberechtigung oder eben die Berechtigung, auf das Netz zuzugreifen. Solange der leere *Token* in dem Netz zirkuliert, ist jede Station berechtigt, ihn aufzunehmen, mit einer Nachricht zu versehen und weiterzugeben. Der belegte *Token* wird daraufhin bis zum Zielrechner weitergereicht. Dieser entfernt die Nachricht und verschickt eine Empfangsbestätigung. Der *Token* mit der Empfangsbestätigung läuft bis zum Absender der ursprünglichen Nachricht, wird von diesem wieder geleert und weitergegeben. Es ist dem Rechner nicht erlaubt, sofort im Anschluß eine neue Nachricht zu senden. Von diesem Verfahren existieren verschiedene Variationen mit unterschiedlicher Anzahl an zirkulierenden *Token* und gegenläufigen Laufrichtungen.

Weitere bekannte Zugriffsverfahren für die Ringtopologie sind das *Slotted-Ring*-Verfahren und das Verfahren des *Register-Insertion-Rings*.[53] Allen Verfahren gemeinsam ist, daß sie eine maximale Durchsatzzeit garantieren können. Das ist für bestimmte Anwendungen sehr wertvoll.

3) Bus:

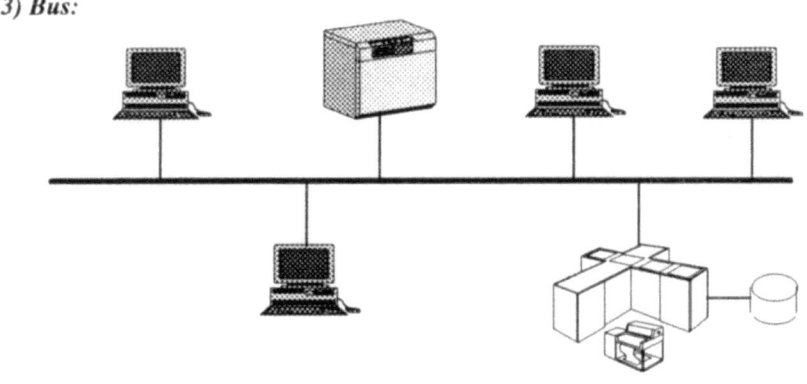

---

[53] Vgl. *Kauffels, F.-J.*: Lokale Netze - Status Quo und Progress, 1983, S. 470

Zentrales Merkmal der Bustopologie ist das von allen angeschlossenen Stationen gemeinsam genutzte Übertragungsmedium. Eine gesendete Nachricht wird von allen Rechnern empfangen, aber nur von der adressierten Station gelesen. Um eine Nachricht senden zu dürfen, konkurrieren die Rechner um den Zugriff zu dem Übertragungskanal, weil sich die Zugänge wechselseitig ausschließen. Die Zugriffsberechtigung ist entweder durch starre Zuteilung, wie z.B. beim *Token-Bus*-Verfahren, oder durch Zufalls-Konzepte festgelegt.

Die bekannteste Zugangsregelung, die mit Zufallszeiten arbeitet, ist das *Carrier Sense Multiple Access with Collision Detection* (CSMA/CD)-Verfahren. Bei diesem Verfahren hört eine sendewillige Station im ersten Schritt das Übertragungsmedium ab, um zu entscheiden, ob es frei oder belegt ist. Falls es belegt ist, sendet sie i.d.R. sofort im Anschluß an den aktuellen Sendevorgang. Sendet mehr als eine Station zum selben Zeitpunkt eine Nachricht ab, kommt es zum Konflikt, der an unzulässigen Signalformen von den Stationen erkannt wird. Alle Stationen brechen sodann den Sendevorgang ab und wiederholen ihn nach bestimmten Verzögerungszeiten. Diese Verzögerungszeiten sind entweder durch Prioritätenvergabe fest geregelt oder durch Zufallszahlen bestimmt.

Bei Bustopologien ist der Ausfall eines Rechners für das Kommunikationssystem unproblematisch. Fällt allerdings der Bus aus, kann keine Kommunikation mehr stattfinden. Seitdem jedoch Buskonzepte mit sogenannten Kabel-Konzentratoren angeboten werden, sind sie in der Zuverlässigkeit mit Ringstrukturen vergleichbar.[54] Auch für die Bustopologie gilt, daß sich bis zu einer gewissen Anzahl neue Rechner relativ einfach anschließen lassen. Ab einem gewissen Umfang ist das zentrale Übertragungsmedium allerdings überlastet, so daß sich die Konfliktsituationen drastisch erhöhen und die Übertragungszeit unbefriedigend wird. Auch bei dieser Netzstruktur besteht die Möglichkeit, Subnetze zu bilden.

Von Bedeutung für den Entwurf des Informationssystems ist weiterhin die Organisationsform der lokalen Netze. Der Entwurf muß berücksichtigen, ob prinzipiell alle Rechner gleichberechtigt sind, oder ob sogenannte *Server* die Netzorganisation prägen. Lokale Netze, in denen alle Rechner prinzipiell gleichberechtigt sind, heißen *Peer-to-peer*-Netzwerke und sind nur in den niedrigen Leistungsklassen vertreten, die jedoch für viele Bedürfnisse durchaus ausreichen. Da auch diese Netze erst relativ neu sind, muß ihre weitere Entwicklung noch abgewartet werden.

---

[54] Vgl. *Heitlinger, P.*: Ethernet oder Token-Ring?, 1992, S. 16

Zur Zeit sind leistungsfähige lokale Netze von der *Client/Server*-Architektur geprägt. Als *Server* werden solche Rechner bezeichnet, die bestimmte Dienste für andere Stationen, die sogenannten *Clients*, übernehmen. Handelt es sich bei den *Servern* um dedizierte *Server*, werden diese Rechner ausschließlich eingesetzt, um Dienstleistungen zu erbringen. Im anderen Fall können die Rechner zusätzlich noch als normale Arbeitsstationen fungieren. Der verbreitetste *Server* im Netzwerk ist der *File-Server*, der die Datenzugriffe verwaltet. Es gibt jedoch noch viele andere Dienste, die über diese Organisationsform angeboten werden können. So können beispielsweise auch Ressourcen- oder Verarbeitungs*server* eingesetzt werden, und im Bereich der Weitverkehrsnetze sind die sogenannten *Nameserver* verbreitet.

III. Verfahren der Systemintegration

Um isoliert entstandene betriebliche Anwendungssysteme in einem gemeinsamen System zu vereinen, sind verschiedene Verfahren entwickelt worden. Grundsätzlich lassen sich diese Integrationsansätze drei Klassen zuordnen:[55]

(1) Datenintegration:
Die einfachste Form der Datenintegration besteht darin, daß Teilsysteme Daten automatisch weitergeben. Aufwendiger ist die Datenintegration über gemeinsame Dateisysteme oder Datenbanken.

(2) Funktionsintegration:
Einzelne Vorgänge werden informationstechnisch miteinander verbunden. Z. B. führt die Annahme einer Materiallieferung dazu, daß der Bestand noch offener Bestellungen abgeglichen und der Lagerbestand aktualisiert wird. Ferner wird das Zahlungswesen bezüglich der fristgerechten Begleichung der Verbindlichkeit benachrichtigt. Die Funktionsintegration bezieht sich auf das fachlich-inhaltliche Geschehen im Unternehmen.

(3) Programmintegration:
Der Ablauf von Programmen und Modulen wird aufeinander abgestimmt. Dabei ist zum einen zu entscheiden, welche Module welche Funktionen wahr-

---

[55] Vgl. *Mertens, P. / Holzner, J.*: WI - State of the Art: Eine Gegenüberstellung von Integrationsansätzen, 1992, S. 9 f.

nehmen und wie diese zu koordinieren sind. Zum anderen muß festgelegt werden, welche Daten den Funktionen zuzuordnen sind und wo Daten und Funktionen allokiert werden.

In einer heterogenen Umgebung ist zur Integration immer die Sprach- und Formatanpassung eine zentrale Aufgabe. Dabei ist die Schnittstellendefinition das Kernstück. Man unterscheidet zwischen bilateralen und sternförmigen Schnittstellensystemen.[56] Ein bilaterales Schnittstellensystem koppelt zwei Anwendungen direkt über die jeweilige Schnittstelle miteinander. Jedes Anwendungssystem muß für jeden Kommunikationsvorgang zwei Schnittstellen bereitstellen: einen Ausgang für die eigenen Datenformate und einen Eingang für die fremden Formate. In einem sternförmigen Schnittstellensystem werden die Kommunikationsvorgänge in ein einheitliches Format übersetzt. Die Einzelsysteme müssen in der Lage sein, die systemeigenen Formate in das zentrale Datenformat zu transformieren und umgekehrt. Die bekanntesten Datenformate im CIM-Bereich - IGES und STEP - sind für sternförmige Schnittstellensysteme konzipiert.

1. Verteilte Datenbanken

"Eine verteilte Datenbank ist das Ergebnis der physischen Speicherung logisch integrierter Daten an unterschiedlichen geographischen Orten (Knoten) innerhalb eines verteilten DV-Systems. Von jedem Knoten kann auf den kompletten Datenbestand zugegriffen werden."[57] Ein verteiltes Datenbank-System beinhaltet zusätzlich zu den verteilten Datenbanken ein verteiltes Datenbank-Verwaltungssystem. Das verteilte Datenbank-Verwaltungssystem übernimmt dieselben Aufgaben wie ein zentrales Datenbank-Verwaltungssystem sowie zusätzliche Funktionen, um die verteilten Datenbestände und die verteilten Anfragen zu verwalten. Die klassischen Aufgaben eines Datenbank-Verwaltungssystems sind:[58]

    (1) Ein- und Ausgabeverwaltung der Anfragen und Antworten,
    (2) Übersetzung der Anfragen und Operationen in Maschinensprache,
    (3) Integritäts-Prüfung,
    (4) Anfrage-Optimierung,

---

[56] Vgl. *Eickert, S. / Kurbel, K. / Pietsch, W. / Rautenstrauch, C.*: Einbindung von Software-Altlasten durch integrationsorientiertes Reengineering, 1992, S. 138

[57] *Niedereichholz, J. / Kaucky, G.*: Datenbanksysteme : Konzepte und Management, 1992, S. 143 f.

[58] Vgl. *Vossen, G.*: Datenmodelle, Datenbanksprachen und Datenbank-Management-Systeme, 1988, S. 29-33

III. Verfahren der Systemintegration

(5) Synchronisation mehrerer Benutzer,
(6) Recovery im Fehlerfall und
(7) Zugriffskontrolle

Grundsätzliches Ziel ist dabei, die Datenverwaltung von der Anwendungsprogrammierung loszukoppeln. Durch diese Arbeitsteilung werden die Effizienz der Datenverwaltung erhöht und die Anwendungsprogrammierung entlastet. Die Programme sollen vollständig unabhängig von der Art der Datenspeicherung geschrieben sein und ablaufen können. Deshalb basiert die Entwicklung der Applikationen auch auf dem konzeptionellen Schema der Daten. Das konzeptionelle Schema ist eine logische Gesamtsicht der Daten. Es ist losgelöst von der tatsächlichen Implementierung der Datenbank sowie von dem zugrundeliegenden Datenmodell. Erst das interne Datenbank-Schema basiert auf einem Netzwerk-, hierarchischen oder relationalen Datenmodell.[59]

Für ein verteiltes Datenbank-Verwaltungssystem ist es wesentlich aufwendiger, die Daten-Programm-Unabhängigkeit für mehrere Benutzer bereitzustellen, als für ein zentrales Datenbank-Verwaltungssystem. Inhaltlich muß die Funktion um die Aufgabe erweitert werden, für die gewünschten Datenoperationen Transparenz bezüglich der Datenallokation zu gewährleisten. Weiterhin muß die Verwaltung sämtlicher Datenkopien sichergestellt sein. Synchronisation und Fehlerbehandlung sind Problematiken, die auch für zentrale Datenbanken noch nicht zufriedenstellend gelöst sind. Um zusätzlich die Verteilung der Daten handhaben zu können, werden in den meisten kommerziellen Datenbank-Systemen und Forschungsprototypen zwei Techniken eingesetzt: Zur Synchronisation wird das *2-Phasen-Sperrverfahren* verwendet; die Fehlerbehandlung basiert auf dem *2-Phasen-Freigabe-Protokoll.*[60]

Grundlage beider Verfahren ist das Konzept der Transaktion. Eine Transaktion auf einer Datenbank muß folgende Ansprüche erfüllen:[61]

(1) Atomizität:
Die Transaktion wird entweder vollständig oder überhaupt nicht ausgeführt. Eine verteilte Transaktion muß also auf sämtlichen Datenbank-Partitionen, die von ihr berührt werden, vollzogen sein, andernfalls werden die vorläufigen Änderungen auf den betroffenen Rechnern zurück-

---

[59] Vgl. *Schlageter / Stucky*: Datenbanken, 1983, S. 27 ff.

[60] Vgl. Ceri, S. Pelagatti, G. : Distributed Databases, 1988, S. 273

[61] Vgl. ebenda, S. 274 f.

genommen. Setzt eine Transaktion auf einem konsistenten Datenbank-Zustand auf, muß nach ihrem Ende wieder ein konsistenter Zustand gewährleistet sein.

(2) Dauerhaftigkeit:
Ist eine Transaktion korrekt abgeschlossen, garantiert das Datenbank-Verwaltungssystem, daß ihr Ergebnis in der Datenbank konserviert bleibt. Das muß unabhängig von zukünftigen Systemfehlern gewährleistet sein. Diese Aufgabe, also die Dauerhaftigkeit der Ergebnisse von Transaktionen sicherzustellen, heißt in der Fachsprache *Recovery*.

(3) Serialisierbarkeit:
Werden auf einer Datenbank mehrere Transaktionen parallel durchgeführt, muß das erzielte Ergebnis dieser Operationen identisch mit dem eines sequentiellen Ablaufs der Transaktionen sein. Erst dann kann garantiert werden, daß die Datenbank von einem konsistenten Zustand in einen neuen konsistenten Zustand überführt wird.

(4) Isolation:
Die Ergebnisse einer Transaktion werden erst dann in der Datenbank verzeichnet, wenn die Transaktion erfolgreich abgeschlossen ist. Den Datenbank-Auswertungen dürfen keine Zwischenergebnisse fremder Transaktionen bekannt sein. Diese Eigenschaft verhindert den sogenannten *Domino-Effekt*. Damit wird die Tatsache beschrieben, daß sich Fehler einer Transaktion auf andere Transaktionen auswirken.

Das *2-Phasen-Sperr-Protokoll* existiert in unterschiedlichen Varianten auch für zentrale Datenbanken. Prinzipiell ist das Verfahren wie folgt aufgebaut: alle Daten, die von einer Transaktion benötigt werden, sind zu Beginn der Transaktion zu sperren und werden nach dem Ende der Transaktion gemeinsam freigegeben. Das ist zwar ineffizient; die eigentliche Schwäche besteht aber eher darin, daß Verklemmungen auftreten können. Verklemmungen entstehen dann, wenn zwei aktive Transaktionen gegenseitig auf die Freigabe von Datensperren warten und dadurch nie zur Ausführung gelangen. In zentralen Datenbanken ist dieses Problem weitgehend mit Hilfe graphentheoretischer Algorithmen gelöst. Bei verteilten Datenbank-Verwaltungssystemen können diese Algorithmen nicht verwendet werden. Das Hauptproblem besteht auch hier wieder in den ungleichen Informationen bei den einzelnen Rechnern über den aktuellen Systemzustand.[62]

Viele Eigenschaften von Transaktionen werden über das *2-Phasen-Freigabe-Protokoll* sichergestellt. Dieses Protokoll unterscheidet zwei Arten von Rechnerknoten: den Koordinator und die Rechnerknoten, die Teile der Transaktion durchführen. Der Rechner, der als Koordinator fungiert, initiiert und überwacht den Ablauf der Transaktion. Dazu sendet er allen anderen beteiligten Rechnern eine Nachricht, mit der das *2-Phasen-Protokoll* eingeleitet wird. Auf diese Nachricht muß jeder Rechner eine Antwort senden, die angibt, ob die Subtransaktion beendet oder abgebrochen ist. Der Koordinator sammelt diese Antworten und entscheidet, ob die Gesamttransaktion vollzogen werden soll. Die Entscheidung fällt nur dann positiv aus, wenn auch alle Antworten ein fehlerfreies Ende der Subtransaktionen signalisiert haben. Dies kennzeichnet das Ende der ersten Phase. Die zweite Phase beginnt damit, daß der Entschluß sämtlichen Rechnern in einer Nachricht mitgeteilt wird. Die Empfänger speichern nun entweder die Ergebnisse der lokalen Operationen oder stellen den ursprünglichen lokalen Systemzustand wieder her, abhängig vom Inhalt der Nachricht. Das Verfahren schließt damit ab, daß alle Subknoten dem Koordinator diese letzte Aktion bestätigen.

Das Verfahren koordiniert die verteilte Bearbeitung einer Transaktion und sichert einen konsistenten Datenbank-Zustand. Mit seiner Hilfe können auch die Datenkopien verwaltet werden. Sämtliche Rechner, die Kopien besitzen, müssen dazu lediglich in das System der an der Transaktion beteiligten Rechner aufgenommen werden. Allerdings wird diese Möglichkeit aus Effizienzgründen nicht praktiziert. Es gilt generell, daß verteilte Datenbanken schon eingesetzt werden können, aber noch weiterhin viel Entwicklungsarbeit zu leisten ist.

---

[62] Vgl. *Bayer, R. / Ehlhardt, K. / Kießling, W. / Killar, D.*: Verteilte Datenbanksysteme, 1984, S. 12

94 B. Besonderheiten der Systemspezifikation verteilter Informationssysteme

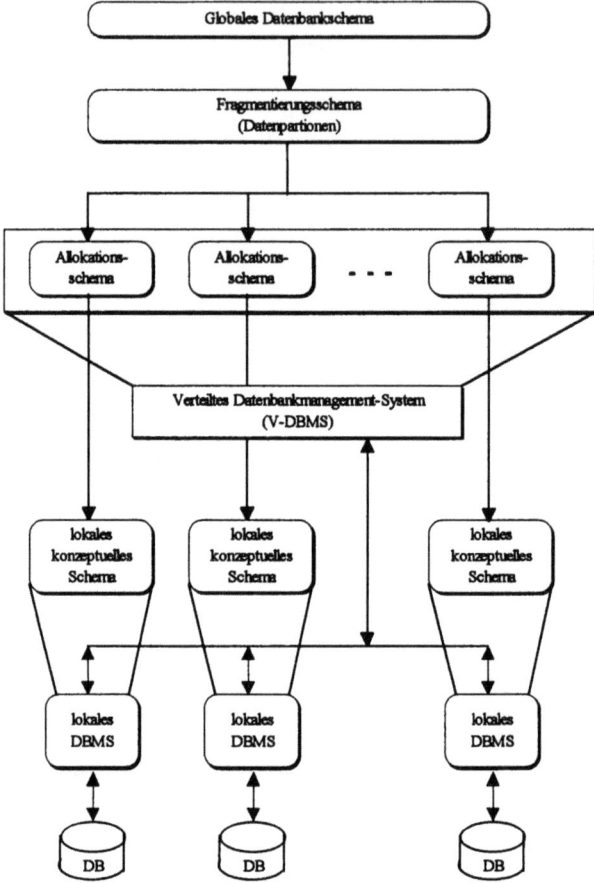

Abbildung B-6.: Schema eines verteilten Datenbanksystems

2. Verteilte Transaktionssysteme

Softwaretechnische Ansätze sind immer entweder daten- oder funktionenorientiert. Während das Konzept der verteilten Datenbanken die Daten in den Mittelpunkt der Betrachtungen stellt, fokussieren die Transaktionskonzepte auf die Funktionen zur Datenmanipulation. Die Ursprünge der Transaktionssyteme liegen bereits in den Anfängen der Datenverwaltung selbst. Die grundsätzliche Aufgabe von Transaktionssytemen ist es, den Anwendungsprogrammierer zu entlasten. Das geschieht auf vielfältige Weise. Transaktionssyteme übernehmen unter anderem die Speicher- und Dateireservierung für Anwendungsprogramme, regeln den Mehrprogrammbetrieb und ermöglichen eine Inter-Programm-Kommunikation.[63] Das sind alles Aufgaben, die üblicherweise Betriebssystemen zugeschrieben werden. Transaktionssyteme bauen auf den Diensten der Betriebssysteme auf und ergänzen sie mit dem Ziel, diese Dienste für den Anwender komfortabler zu gestalten. In vielen Fällen ersetzt die Transaktionsverwaltung aber auch Funktionen von Betriebssystemen oder erweitert sie um völlig neue Leistungen. Verteilte Transaktionssyteme übernehmen insbesondere Aufgaben, die theoretisch ein verteiltes Betriebssystem ausführt. Deshalb können Funktionen rudimentär auch ohne den Einsatz von verteilten Betriebssystemen in einem Informationssystem dezentralisiert werden; rudimentär in dem Sinne, daß verteilte Transaktionssyteme dem Programmierer kein vollständig transparentes System bereitstellen. Der Programmierer muß also i.d.R. über die Verteilung der Ressourcen informiert sein. Dafür übernehmen verteilte Transaktionssyteme aber die systemübergreifende Inter-Programm-Kommunikation, und fortschrittliche Versionen verwalten auch zunehmend systemweit die Ressourcen.

Transaktionssyteme werden in der Praxis vielfach eingesetzt, etwa im Rahmen von Buchungs- und Auskunftsanwendungen bei Banken, Versicherungen oder Fluggesellschaften. An diese Systeme werden hohe Anforderungen gestellt. Sie müssen vor allem hohe Transaktionsraten - z.B. mehrere 1000 Transaktionen vom Typ ´Kontenbuchung´ pro Sekunde - verarbeiten können, gleichzeitig aber kurze Antwortzeiten garantieren. Weiterhin sollen die Systeme zuverlässig und benutzerfreundlich sein.[64] Diesen Leistungsanforderungen können nur mehrere parallel arbeitende Rechner genügen. Der daraus resultierende Druck auf die Softwaretechnik, solche Bedürfnisse zu befriedigen, forciert die Entwicklung verteilter Transaktionssyteme. Durch den Entschluß, Transaktionssyteme weiterzuentwickeln, ist es zusätzlich gelungen, bestehende heterogene Systeme miteinander zu verbinden. Das ist ein großer Vorteil gegenüber den zur Zeit verfügbaren verteilten Datenbank-Systemen.

Grundsätzlich besteht ein verteiltes Transaktionssytem aus drei Komponenten: dem Basissystem, dem Kern und dem transaktionsorientierten Anwendungssystem.[65] Das Basissystem beinhaltet die Hardware und einige essentielle Systemprimitive, die von der Transaktionssytem-Verwaltung verwendet werden.

---

[63] Vgl. *Yelavich, B.M.*: Customer Information Control System, 1985, S. 266 f.

[64] Vgl. *Rahm, E.*: Der Database-Sharing Ansatz zur Realisierung von Hochleistungstransaktionssystemen, 1989, S. 65

[65] Vgl. *Rothermel, K.*: Kommunikationskonzepte für verteilte transaktionsorientierte Systeme, 1987, S. 9

96   B. Besonderheiten der Systemspezifikation verteilter Informationssysteme

Der Kern bildet das zentrale Element des verteilten Transaktionssytems. Er stellt die Menge der Funktionen bereit, aus denen sich ein Anwendungsprogramm zusammensetzt oder auf die es während seiner Ausführung zugreift. Die wichtigste Komponente des Kerns, um den Ablauf eines transaktionsorientierten Programms zu steuern und zu koordinieren, ist der sogenannte Transaktionsprogramm-Monitor (TP-Monitor). Dieser TP-Monitor enthält die Daten-Kommunikations-Komponente, die für die Nachrichtenverwaltung zuständig ist.[66] Dadurch stellt der TP-Monitor sicher, daß die Kommunikation unabhängig von den Rechnersystemen und der Übertragungsart ablaufen kann.

Das Anwendungssystem besteht aus den Applikationen, die - auf dem Kern aufbauend - entwickelt sind. Das können beispielsweise auch verteilte Datenbanken sein, da diese auf dem Transaktionskonzept beruhen. I.d.R. werden aber mit Hilfe der Transaktionssyteme vorzugsweise Anwendungsprogramme im engeren Sinne, wie z.B. Auskunftssysteme, realisiert.

Eine Verteilung wird auf allen drei Ebenen vorgenommen. Der Kern als Kontroll- und Steuerinstanz liegt also auch verteilt vor. Damit ist ein verteiltes Transaktionssytem selbst ein verteiltes System, analog einer verteilten Datenbank.

3. Verteilte Programmierung

Die verteilte Programmierung gehört zu den Ansätzen der Funktionen- und Datenverteilung, die in der Praxis noch nicht oft zum Einsatz kommen, obwohl mehrere Programmiersprachen hierzu verfügbar sind. Die zugrundeliegende Idee besteht darin, die Softwarekomponenten auf der höchsten Ebene zu verteilen. Während Transaktionssysteme eher der Systemsoftware zuzuordnen sind, wird verteilte Programmierung von höheren Sprachen, die auf die Systemsoftware zugreifen, unterstützt. Das Kernstück bilden die kooperierenden Softwaremodule, die zu einem System miteinander verbunden sind.[67] Entscheidend ist dabei die Art und Weise wie die Koordination der Module und der Nachrichtenaustausch zwischen den Softwarekomponenten erfolgen. Jedes Softwaremodul stellt eine unteilbare Einheit für die Verteilung der Software bereit. Das Modul sollte deshalb so klein wie möglich sein, also nur eine Funktion oder einen Dienst umfassen. Dienste weisen meistens einen Bezug zu Ressourcen - in Form von Daten oder Geräten - auf und verwalten für sie den Zugriff, wie z.B. die Verwaltung von Druckaufträgen. Verteilte

---

[66] Vgl. *Härder, T. / Meyer-Wegener, K.*: Transaktionssysteme in Workstation/Server-Umgebung, 1990, S. 128

[67] Vgl. *Sloman, M. / Kramer, J.*: Verteilte Systeme und Rechnernetze, 1989, S. 44

Programme sind am besten zu strukturieren, wenn Funktionen, Dienste, Ressourcen und Daten analog erstellt werden. Sie sollten alle als verteilte Softwarekomponenten mit vordefinierten Schnittstellen entworfen und implementiert sein.[68]

Die bevorzugten Koordinationsverfahren in verteilten Systemen sind das Blockieren, das *Polling* und die Koordination durch *Interrupts*.[69] Beim Blockieren werden den Anwendungsprogrammen sogenannte *Wait*-Aufrufe zugeordnet. Diese bewirken, daß das Softwaremodul solange blockiert wird, bis ein bestimmtes Ereignis eingetreten ist. Daß im Fehlerfall ein Anwendungsprogramm nicht unendlich lange blockiert ist, reguliert ein sogenannter *Time-out*-Mechanismus. Der *Time-out*-Mechanismus verbindet mit dem Beginn eines Vorgangs, z.B. einem *Wait*-Aufruf, eine festgelegte Zeitspanne, nach der entweder der Vorgang abgeschlossen sein muß oder abgebrochen und eventuell wiederholt wird. *Time-out*-Mechanismen werden auch häufig bei der Nachrichtenübertragung eingesetzt.

Die zweite Koordinationsvariante, das Polling, übernimmt das Anwendungsprogramm selbst. Das Modul überprüft dabei zyklisch, ob eine Nachricht eingetroffen ist. Nachrichten von anderen Modulen werden hierzu entweder in einer zugewiesenen *Mailbox* abgelegt oder in einen *Socket* geschrieben. Der hauptsächliche Unterschied besteht darin, daß auf eine *Mailbox* mehrere Sender und Empfänger zugreifen können, während ein *Socket* einer ganz bestimmten Softwarekomponente zugeordnet ist.[70] Bei der Koordination durch *Interrupts* werden bestimmten Ereignissen festgelegte Signale zugewiesen, die das Softwaremodul entsprechend interpretieren kann und auf die es zu reagieren weiß. Die Technik des Interrupts ist aus der Fehler- und Ausnahmebehandlung in zentralen Systemen bekannt.

Um den Nachrichtenaustausch zwischen Softwaremodulen zu klassifizieren, kann der Informationsfluß als Grundlage dienen. Der Informationsfluß verläuft entweder uni- oder bidirektional. Der unidirektionale Informationsfluß oder Nachrichtenaustausch kann wiederum entweder asynchron oder synchron erfolgen. Beim asynchronen Nachrichtenaustausch sind Sender- und Empfängermodule nicht koordiniert. Der synchrone Nachrichtenaustausch ist dadurch gekennzeichnet, daß der Nachrichtensender auf eine Quittung wartet. Auf diese Art ist der Ablauf der Module aufeinander

---

[68] Vgl. ebenda, S. 45

[69] Vgl. *Hoffmann, W. / Eisfeld, H.*: Channel Management, 1991, S. 33

[70] Zu Ausführungen zur Mailbox vgl. z.B. *Sloman, M. / Kramer, J.*: Verteilte Systeme und Rechnernetze, 1989, S. 60 und zum Socket vgl. z.B. *Brecht, W.*: Verteilte Systeme unter Unix, 1992, S. 229 ff.

abgestimmt. Das Warten auf die Quittung ist zumeist an einen Time-Out-Mechanismus gebunden.

Die bedeutendste bidirektionale Kommunikation ist der *Remote-Procedure-Call* (RPC), auch als Fernaufruf bekannt. Der Fernaufruf ist ein synchroner Transfer von Kontrolle und Daten zwischen entfernt lokalisierten Software-Komponenten. Dabei unterscheidet sich der Fernaufruf syntaktisch und semantisch nicht von einem lokalen Prozeduraufruf,[71] insbesondere ist auch eine Datenübergabe in Form von Parametern festgelegt.

Die Technik des Fernaufrufs wird bevorzugt verwendet, um verteilte Anwendungen auf der Basis des *Client/Server*-Modells zu entwickeln: Server stellen Prozeduren zur Verfügung, auf die von entfernten Klienten mit Hilfe des Fernaufrufs zugegriffen werden kann. Ein zuständiges Verwaltungssystem übernimmt dazu die Koordination und die Übertragung der Aufrufe, einschließlich der Parameter. Weiterhin ist das Verwaltungssystem dafür verantwortlich, die *Server* zu lokalisieren sowie die Rechner- und Kommunikationsfehler zu beseitigen.[72]

Der Fernaufruf ist weit verbreitet, insbesondere aufgrund seiner großen Ähnlichkeit mit dem lokalen Prozeduraufruf. Das Konzept ist bereits vielfältig erweitert oder abgeändert. Dazu gehören primär die asynchronen Fernaufrufe, um die Effizienz des Ablaufes zu steigern,[73] sowie die Integration von Fernaufrufen in Transaktionskonzepte. Diese Integration wird erreicht, indem Fernaufrufe die Eigenschaften von Transaktionen zugewiesen bekommen. Dadurch ist es auch möglich, Fernaufrufe mit Hilfe des *2-Phasen-Freigabe-Protokolls* verteilt bearbeiten zu lassen. Auch diese Erweiterung dient primär dazu, die Effizienz von Fernaufrufen zu erhöhen.[74]

---

[71] Vgl. *Hofmann, F.*: Remote Procedure Call, 1986, S. 308

[72] Vgl. *Schill, A.*: Remote Procedure Call: Grundlagen, 1992, S. 79

[73] Vgl. *Schill, A.*: Remote Procedure Call: Erweiterte RPC-Ansätze, 1992, S. 146 f.

[74] Vgl. ebenda, S. 148 f.

C. Objektorientierter Entwurf von Informationssystemen

I. Charakteristika der Objektorientierung

Objektorientierung ist in den letzten Jahren zu einem Schlagwort der Software-Entwicklung geworden. Alles, was als neu, gut und fortschrittlich gelten soll, erhält das Prädikat objektorientiert zugeordnet. Dabei ist die Idee bereits über zwanzig Jahre alt, denn schon seit 1967 kommen grundlegende Ansätze der Objektorientierung in der Sprache Simula zum Einsatz.[1] Ebenso geht der Beginn der Entwicklung von Smalltalk, der klassischen objektorientierten Programmiersprache, bis in die Anfänge der siebziger Jahre zurück. Smalltalk stellt heute nicht mehr nur eine objektorientierte Programmiersprache zur Verfügung, sondern ist zusätzlich zu einer komfortablen objektorientierten Software-Entwicklungsumgebung ausgebaut. In Smalltalk ist die objektorientierte Philosophie in ihrer reinen Form streng umgesetzt. Obwohl es auch neuere rein objektorientierte Entwicklungen, wie z.B. Eiffel,[2] gibt, sind die meisten sogenannten objektorientierten Sprachen, Verfahren oder Methoden Mischsysteme. Diese Mischsysteme kombinieren objektorientierte Eigenschaften mit konventionellen prozeduralen oder funktionalen Ansätzen. Zu den bekanntesten Mischsystemen zählt C++, das auf der weit verbreiteten prozeduralen Sprache C aufbaut und diese um objektorientierte Merkmale ergänzt.

Daß die ersten objektorientierten Entwicklungen Programmiersprachen sind und erst in der zweiten Entwicklungsstufe die Prinzipien der Objektorientierung Einfluß auf Analyse und Entwurf gewonnen haben, überrascht nicht. Obwohl dieser Prozeß nicht bewußt gesteuert ist - auch wenn nichts dagegen spräche, da auch ein objektorientierter Entwurf für sich allein genommen schon bedeutende Vorteile bereitstellen würde - ist er auch kein Zufall. Der Weg bestimmter Prinzipien und Methoden über Programmiersprachen zum Entwurf und zur Analyse ist nämlich kein Einzelfall, sondern hat sich in der relativ kurzen Geschichte der Software-Entwicklung bereits mehrmals wiederholt. Auch für den Durchbruch des strukturierten, modularisierten Entwurfs ist die Verfügbarkeit entsprechender Programmiersprachen

---

[1] Vgl. *Kirkerud, B.*: Object-Oriented Programming with Simula, 1989, S. V

[2] Vgl. *Meyer, B.*: Objektorientierte Softwareentwicklung, 1990, S. 72 ff.

eine Voraussetzung gewesen. Die Entwurfsprinzipien haben sich seit der Zeit der Assembler-Programmierung grundlegend gewandelt.[3]

So wie objektorientierte Programmiersprachen eine Voraussetzung für objektorientierte Entwurfsverfahren bilden, sind hohe Prozessorleistungen und ausreichende Speicherverfügbarkeit notwendige Grundlagen für den Einsatz der objektorientierten Sprachen. Deshalb ist letztendlich der technische Fortschritt die Hauptursache dafür, daß objektorientierte Prinzipien in den unterschiedlichsten Phasen der Software-Entwicklung berücksichtigt und angewandt werden. Dabei liegt der Schwerpunkt zur Zeit auf den Aufgabenstellungen der objektorientierten Analyse, des objektorientierten Entwurfs und der objektorientierten Implementierung. In allen drei Bereichen werden noch Methoden, Verfahren und Werkzeuge entwickelt sowie Vorgehensweisen der praktischen Anwendung untersucht. Das ist deshalb notwendig, weil es sich, trotz des für den Software-Sektor hohen Alters der objektorientierten Idee, noch immer um einen bislang weitgehend vernachlässigten, unausgereiften Erkenntnisbereich handelt.

1. Grundidee des objektorientierten Ansatzes

Die klassische Sicht von Software-Systemen ist funktionsorientiert oder prozedural. Im Mittelpunkt steht die Frage, was das Informationssystem leistet, welche Aufgaben es erfüllt und welche Fragestellungen bearbeitet werden können. Daraus folgt eine hohe Konzentration auf die Funktionen. Ein objektorientierter Ansatz ist dem Systemgedanken viel näher angelehnt. Das Gewicht liegt im ersten Schritt auf der Frage, wer oder welche Einheiten - also Objekte - betroffen sind, im System auftreten und agieren. Parallel zu dieser Objektidentifikation wird nach den Eigenschaften der Objekte gesucht und die Frage geklärt, was die Objekte tun, welchen Beitrag sie zur Problemlösung leisten, welche Funktionen sie letztendlich erfüllen. Der Ausgangspunkt dieser Betrachtungen unterscheidet sich aber eklatant von der klassischen Funktionsorientierung.

Die verschiedenartige Sichtweise bezüglich eines Software-Systems hat weitreichende Konsequenzen. Dazu gehört, daß über die Objekte Daten und Funktionen eine Einheit bilden und nicht mehr getrennt betrachtet, entworfen und modelliert werden. Ferner ist bei den immer komplexer werdenden Informationssystemen deutlich die Tendenz zu beobachten, die Datenorganisation in den Vordergrund zu stellen.[4] Die konzeptionelle, die logische

---

[3] Vgl. *Coad, P., Yourdon, E.*: Object-Oriented Analysis, 1991, S. 5

[4] Vgl. *Coad, P., Yourdon, E.*: Object-Oriented Analysis, 1991, S. 6

und die physische Datenmodellierung gewinnen zunehmend an Bedeutung. Auch diese Sichtweise wird von objektorientierten Ansätzen unterstützt.

Sämtliche objektorientierten Ansätze basieren auf der Idee, Objekte, die aktiv oder passiv an dem betrachteten Problemkomplex beteiligt sind, zu identifizieren. Weiterhin sind ihre - für die aktuelle Fragestellung relevanten - statischen und dynamischen Eigenschaften hervorzuheben, um aufgrund dieser Gemeinsamkeiten Objektklassen definieren zu können. Die Definition von Klassen reduziert zum einen die Komplexität des bearbeiteten Problembereichs und verbessert zum anderen entscheidend das Problemverständnis.

Während das Identifizieren von relevanten Objekten eine direkte, der natürlichen menschlichen Denk- und Vorgehensweise folgende Art ist, einen Sachverhalt zu erfassen, ist die Aufgabe, Klassen zu bilden, wesentlich subtiler. Das trifft zu, obwohl es auch einer menschlichen Veranlagung entspricht, von Einzelheiten zu abstrahieren und in Klassen zu denken. Jedes Kind ist beispielsweise in der Lage, auch Hunde unterschiedlichster Rassen als Hunde zu identifizieren, weil es allen gemeinsame Merkmale erfaßt hat. Ebenso ist die Klassifizierung als wissenschaftliche Methode altbekannt und vielfach eingesetzt, wie z.B. bei den unterschiedlichen Klassifizierungsschemata in der Biologie. Dennoch ist die Definition von Klassen in objektorientierten Systemen keine einfache Aufgabe. Zum einen sind die Gemeinsamkeiten von Objekten oftmals nicht sofort ersichtlich oder auch nur abstrakt zu erfassen, und zum anderen bilden Klassen das zentrale Strukturierungsmittel, das in hohem Maße die Effizienz der Lösung beeinflußt. Deshalb erfordert die Klassenbildung:

1. ein tiefes Problemverständnis,
2. die Fähigkeit zur Abstraktion,
3. Kreativität und Modellierungsgeschick.

2. Elemente objektorientierter Ansätze

Bei rein objektorientierten Ansätzen stehen die Objekte nicht nur im Mittelpunkt der Betrachtungen, sondern sie machen das gesamte Konzept aus. Tatsächlich gibt es außer den Objekten nichts. Auch Klassen und Parameter und sogar Antworten repräsentieren wieder Objekte. Ein Objekt kann deswegen nicht, wie oftmals zu lesen ist, ein Element der realen Welt sein oder abbilden; ein *Objekt* ist abstrakt zu verstehen. Es kann als ein Informationsträger aufgefaßt werden, der über festgelegte Eigenschaften beschreibbar ist. Der Zustand eines Objektes ist veränderbar, aber nur über vordefinierte Nachrichten, die an dieses Objekt gebunden sind. So gesehen vereinen Objekte die beiden Komponenten Daten und Funktionen in einer Einheit, die der Außenwelt als abgeschlossene Entität gegenübersteht.[5] Die Außenwelt - und das sind in objektorientierten Systemen fremde Objekte - kann mit einem Objekt ausschließlich über die festgelegten Nachrichten kommunizieren. Dadurch ist gewährleistet, daß der Zustand eines Objektes nur von dem Objekt selbst geändert werden kann. So werden unkontrollierte Seiteneffekte vermieden. Auf den ersten Blick ist diese Eigenschaft primär für die Implementierung von Vorteil, jedoch profitiert ein gesicherter Entwurf in gleichem Maße davon, daß die Integrität des Systems garantiert werden kann. Die Menge der Nachrichten, auf die ein Objekt zu reagieren weiß, bildet somit eine wohldefinierte, unumgehbare Schnittstelle.

Die an ein Objekt übermittelte Nachricht wird als *Botschaft* bezeichnet und beinhaltet die Aufforderung, eine Funktion zu erfüllen. Grundsätzlich besteht eine Botschaft immer aus drei Komponenten: dem *Objekt*, an das sie gerichtet ist, dem Namen oder *Identifikator* der Botschaft und einem oder mehreren *Parameter*. Die Antwort auf eine Botschaft muß immer ein Objekt sein, um ein durchgängiges Konzept zu gewährleisten. Damit soll die Objektorientierung nicht in letzter Konsequenz zwanghaft durchgesetzt, sondern eine flüssige dynamische Struktur ermöglicht werden. Der Antwort einer Botschaft läßt sich so nämlich immer erneut eine Botschaft senden bis ein gewünschtes Systemverhalten allein über agierende Objekte beschrieben ist.

Abbildung C-1.: Struktur einer Botschaft

Die Reaktion auf eine Botschaft wird durch eine *Methode* festgelegt, die an das empfangende Objekt und die Botschaft gebunden ist. Während die Menge der Botschaften eines Objektes seine Schnittstelle definiert, beschreibt die Menge der Methoden sein mögliches Verhalten. Eine Methode hat somit große Ähnlichkeit mit einer Funktion oder Prozedur einer prozeduralen Programmiersprache oder eines strukturierten Entwurfsverfahrens. Es besteht jedoch ein grundlegender Unterschied: Eine Funktion oder Prozedur im herkömmlichen Sinne ist ein Unikat im gesamten System. Eine Methode ist hingegen immer an ein Objekt gebunden und bildet erst zusammen mit diesem Objekt eine individuelle Einheit. So können Methoden, wie z.B. *gebe-*

---

[5] Vgl. *Moser, J.*: Objektorientiertes Programmieren, 1991, S. 50 f.

den-Zustand-des-Objektes-an, durchaus mehrmals im System auftreten, indem sie immer an unterschiedliche Objekte gebunden sind. Eine Methode kann dadurch mit sinnverwandten, sich im Detail jedoch unterscheidenden Inhalten belegt werden.

Die statischen Eigenschaften von Objekten sind über zugeordnete Attribute definiert, deren aktuelle Werte den momentanen Zustand des Objektes bestimmen. Den Anstoß zu Zustandsübergängen können zwar äußere Ereignisse bilden, vorgenommen werden sie jedoch nur von dem Objekt selbst.

Objekte mit gleichen statischen und dynamischen Eigenschaften, also solche, die mit denselben Attributen und Methoden zu definieren sind, sollten über eine gemeinsame Klasse beschrieben werden. Die Klasse bildet dann die Vorlage, nach der Objekte dieser Klasse gebildet werden. Diese Objekte heißen Instanzen der Klasse.[6] In diesem Sinn ist eine Klasse eine Abstraktion gleichartiger Objekte.[7] Das Klassenkonzept objektorientierter Ansätze geht jedoch noch wesentlich weiter. Einerseits strukturieren Klassen das gesamte System, und andererseits erlauben sie, bei der Erarbeitung des Systems inkrementell vorzugehen. Dabei ist es möglich, die Funktionsfähigkeit des Systems bereits in den Zwischenstufen zu überprüfen. Diese Eigenschaft erleichtert es, Prototypen zu entwickeln. Die Möglichkeit, sogenanntes *rapid prototyping* vornehmen zu können, zählt mit zu den ausschlaggebenden Argumenten, die zu einer schnellen Aufnahme der objektorientierten Idee in der Praxis führt.

Klassen können verschiedene Arten von Beziehungen zwischen den Objekten ausdrücken. In der Anzahl modellierbarer Beziehungen unterscheiden sich allerdings verschiedene objektorientierte Ansätze. Alle objektorientierten Systeme stellen ein hierarchisches Klassenkonzept zur Verfügung, mit dessen Hilfe die Instanz- und die Subklassen-Beziehungen darstellbar sind. Dabei drückt die Instanz-Beziehung aus, daß ein Objekt Instanz einer bestimmten Klasse ist. Die Subklassen-Beziehung identifiziert ein Objekt durch die übergeordneten Klassen. Diese Beziehung wird in semantischen Datenmodellen immer mit der *ISA*- (ist ein) Beziehung gekennzeichnet.[8] So wäre beispielsweise ein Objekt, das einen bestimmten Personal Computer repräsentiert, eine Instanz der Klasse Personal Computer und ebenso könnte es eine ISA-Beziehung zu der Klasse Computer und der Klasse Automaten festlegen.

---

[6] Vgl. *Ten Dyke, R.P./ Kunz, J.C.*: Object-oriented programming, 1989, S. 467

[7] Vgl. *Moser, J.*: Objektorientiertes Programmieren, 1991, S. 52

[8] Vgl. *Altenkrüger, D.E.*: Wissensdarstellung für Expertensysteme, 1987, S. 15

Weiterhin ermöglichen einige objektorientierte Systeme, Aggregationen und Dekompositionen zu modellieren, und/oder sie erlauben das Definieren sogenannter Beziehungsklassen.

Aggregationen und Dekompositionen bedingen sich wechselseitig. Über sie werden die Zusammenhänge zwischen *ist-ein-Teil-von* und *setzt-sich-zusammen-aus* hergestellt. Beziehungsklassen hingegen drücken Assoziationen aus. Es muß möglich sein, sie in die Klassen zu zerlegen, die an der Assoziations-Beziehung beteiligt sind.[9] So wäre z.B. die Klasse Kommunikation in einen Sender und in einen Empfänger zu untergliedern.

Da die Instanzen- und die Subklassen-Beziehungen in objektorientierten Ansätzen allgemein gültig sind, sie somit das mächtigste Instrumentarium bereitstellen und die weitreichendsten Konsequenzen haben, beschränken sich die folgenden Ausführungen auf diese zwei Beziehungstypen.

3. Prinzipien der Objektorientierung

Aus dem Zusammenwirken von Objekten, Klassen, Botschaften und Methoden leiten sich weitere Eigenschaften objektorientierter Systeme ab, die gleichzeitig Entwurfsprinzipien ergeben. Dazu zählen die Abstraktion, die Kapselung, das Geheimnisprinzip, die Strukturierung, die Modularisierung, die Redundanzfreiheit und die Wiederverwendbarkeit.

Unter Abstraktion wird in der Software-Entwicklung der Vorgang verstanden, die essentiellen Eigenschaften einer Funktion oder Dateneinheit herauszuheben und dafür auf Details, die für das benötigte Verständnis irrelevant sind, zu verzichten. Abstraktionen erleichtern, einen Sachverhalt in kurzer Zeit zu begreifen, da nicht sämtliche Einzelheiten erfaßt werden müssen. Allerdings ist ein profundes fachliches Verständnis des jeweiligen Problemkomplexes zum Abstrahieren erforderlich. Erst ein intensives Auseinandersetzen mit dem Aufgabengebiet versetzt den Modellierer in die Lage, zwischen der entscheidenden Funktionalität und unwichtigen Nebenerscheinungen differenzieren zu können. Dabei beeinflußt der Kontext das Ergebnis der Abstraktion. Ein Strichmännchen ist beispielsweise sicher ungeeignet darzustellen, wie Bewegungen den Blutdruck beeinflussen, wohl aber läßt sich mit seiner Hilfe der Bewegungsablauf beim Treppensteigen veranschaulichen.[10]

---

[9] Zu den verschiedenen Arten von Beziehungen vgl. *Breutmann, B. / Burkhardt, R.*: Objektorientierte Systeme, 1992, S. 61 f.

[10] Das Beispiel ist aus *Altmann, J.*: Volkswirtschaftslehre, 1990, S. 3 entnommen.

I. Charakteristika der Objektorientierung

In objektorientierten Systemen stellt die Definition von Objekten einen grundlegenden Abstraktionsmechanismus bereit. Ein Objekt soll genau die Eigenschaften umfassen und die Möglichkeiten von Verhalten besitzen, die notwendig und hinreichend sind, um seine Rolle im System korrekt festzulegen. Bei gleichartigen Objekten wird diese Abstraktion, wie bereits beschrieben, über die Definition einer Klasse erreicht. Zusätzlich ergänzen Klassen den Abstraktionsmechanismus um die Möglichkeit, Generalisierungen und Spezialisierungen auszudrücken.

Systemstrukturen werden erst dann wirklich erfaßt, wenn grundlegende Gemeinsamkeiten erkannt, und als solche in Ober- oder Superklassen definiert werden. Deshalb muß auch nicht jede Klasse zwingend Instanzen besitzen, sondern sie kann oftmals ausschließlich dazu dienen, die Struktur eines Systems zu modellieren. Ein Nebeneffekt von Klassenhierarchien besteht u.a. darin, daß wiederholte Eigenschaftsdefinitionen vermieden werden können. Das mag in der Implementierungsphase der bedeutende Vorteil von Klassen sein. Hingegen geht es in den vorhergehenden Phasen primär darum, Systemzusammenhänge zu erfassen und abzubilden. Anhand des Beispiels aus dem vorherigen Kapitel kann dieser Sachverhalt erläutert werden. In vielen Fällen reicht es aus, Personal Computer, Großrechner, Roboter oder Flexible Fertigungssysteme über einen endlichen Automaten zu modellieren. Durch diese Generalisierung wird es nicht nur einfacher, spezielles Verhalten zu ergänzen, sondern vor allem ist das Wesen der Systemelemente erkannt und beschrieben.

Die Definition von Klassenhierarchien impliziert zwei weitere - für objektorientierte Ansätze essentielle - Eigenschaften. Diese sind das Prinzip der *Vererbung* und das Prinzip des *Polymorphismus*.

Unter Vererbung wird in objektorientierten Ansätzen die Tatsache verstanden, daß statische und dynamische Eigenschaften von übergeordneten Klassen an ihre Unterklassen weitergegeben werden. Spezialisierte Klassen oder Objekte besitzen also immer auch die zugeordneten generellen Eigenschaften, ergänzt um spezielle, weiter differenzierende Attribute oder Verhaltensmuster. Dabei sind einer Klasse oder einem Objekt diejenigen generellen Eigenschaften zugeordnet, die seine hierarchisch höheren Klassen kennzeichnen. Das unterste Objekt einer Hierarchie wird somit durch seine speziellen und durch die ´geerbten´ Attribute beschrieben. Weiterhin reagiert dieses unterste Objekt auf alle Botschaften, die auch seine Oberklassen verstehen, da es gleichfalls deren Methoden oder Funktionalität erhält.

Das Prinzip der Vererbung ist in den verschiedenen objektorientierten Ansätzen unterschiedlich ausgeprägt. Zum einen ist zwischen einer statischen und einer dynamischen Vererbung zu differenzieren, zum anderen unterstützen einige Ansätze die Mehrfachvererbung, während deren überwiegende Anzahl lediglich Einfachvererbung ermöglicht.[11] Die statische Vererbung gibt a priori die Eigenschaften der Superklassen an die Subklassen weiter, jedoch ohne eine konkrete Belegung. Werden zusätzlich die in den Attributen enthaltenen Werte vererbt, liegt dynamische Vererbung vor. Der Name beruht auf der Tatsache, daß diese Vererbung erst dann stattfindet, wenn das Systemverhalten abläuft. Manche objektorientierten Systeme nehmen eine sogenannte *Default*-Vererbung vor,[12] die als Kompromiß zwischen der statischen und der dynamischen Vererbung angesehen werden kann. Bei der *Default*-Vererbung werden Standardbelegungen der Attribute - die *Default*-Werte - weitergereicht, ohne eine Wertweitergabe veränderter Belegungen über die Zeit.

In der Realität gehört eine Entität zumeist mehreren Klassen gleichzeitig an. So kann z.B. ein Roboter der Klasse Automaten sowie der Klasse Betriebsmittel zugeordnet werden und dadurch die Eigenschaften beider Klassen erben. Diese Mehrfachvererbung findet dann statt, wenn eine Klasse mehr als nur eine direkt übergeordnete Oberklasse besitzt. Im Gegensatz dazu ist die Einfachvererbung dadurch gekennzeichnet, daß jede Klasse höchstens eine direkte Superklasse besitzt. Der Graph, der eine Einfachvererbung repräsentiert, hat immer die Struktur eines Wurzelbaumes.[13] Eine Mehrfachvererbung hingegen kann durch einen beliebig gerichteten, zyklenfreien Graphen dargestellt werden. Die Mehrfachvererbung ist jedoch nicht eindeutig und führt häufig zu Konflikten. Deshalb verzichten noch die meisten objektorientierten Ansätze auf diese Art des Vererbungsmechanismus. Konflikte entstehen beispielsweise dann, wenn von mehreren Oberklassen sich gegenseitig widersprechende Attributwerte an eine gemeinsame Unterklasse weitergegeben werden sollen. Analog können Konflikte bei mehrfachen Funktionsdefinitionen und Verhaltensmustern auftreten.

Bei sämtlichen Formen der Vererbung ist es möglich, nur bestimmte Eigenschaften für die Weitergabe auszuwählen. Man spricht dann von partieller

---

[11] Vgl. *Breutmann, B. / Burkhardt, R.*: Objektorientierte Systeme, 1992, S. 62 ff.

[12] Vgl. *Breutmann, B. / Burkhardt, R.*, a.a.O., S. 63

[13] Sei Graph $G=(V,R)$ ein Graph mit der Knotenmenge V und der Kantenmenge $R \subset V \times V$.
G heißt **Wurzelbaum** g.d.w. gilt:
(i) G ist schwach zusammenhängend
 (anschaulich bedeutet das, daß jeder Knoten von jedem anderen Knoten des Graphen, über einen Weg aus Kanten, zu erreichen ist. Dabei ist zu vernachlässigen, daß die Kanten gerichtet sind.)
(ii) $|R| = |V| - 1$
(iii) Jeder Knoten $v \in V$ hat höchstens einen direkten Vorgänger
Vgl. *Noltemeier, N.*: Informatik III, 1982, S. 212 f.

Vererbung.[14] Diese ist allerdings nicht weit verbreitet, weil sie dem Klassenkonzept, das eine Abstraktion der Form Generalisation und Spezialisation realisiert, widerspricht.

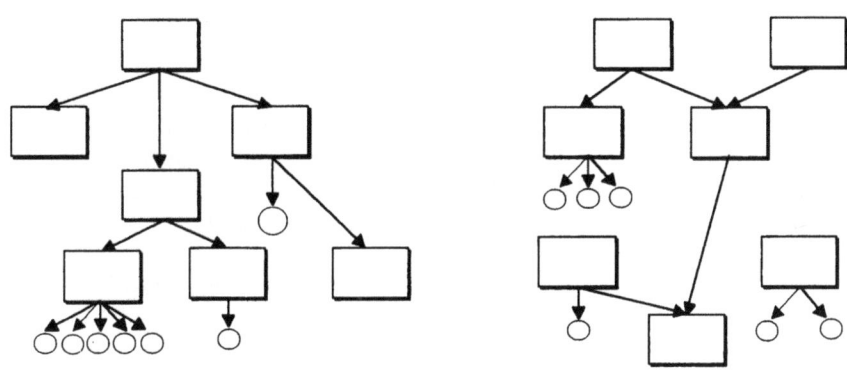

Abbildung C-2.: Graphen der Einfach- und Mehrfachvererbung

In besonderem Maße wird Abstraktion noch durch das Prinzip des Polymorphismus unterstützt. Polymorphismus bezeichnet das wiederholte Auftreten von Methoden mit abweichenden Inhalten. Dabei kann eine Methode mit identischen Namen nicht nur in verschiedenen Hierarchien vertreten sein, sondern auch innerhalb einer Klassenhierarchie überschrieben oder ergänzt werden. Dadurch ist es auf elegante Weise möglich, eine Klasse um spezielles Verhalten zu erweitern und dabei die ursprüngliche Abstraktion beizubehalten. Ob ein generelles Verhalten im speziellen Fall leicht abgeändert abläuft, ist für die meisten Systembetrachtungen irrelevant. Erst dann, wenn eine Analyse auf das spezielle Objekt konzentriert wird, muß die Funktionalität im einzelnen berücksichtigt werden. Das Abstraktionsniveau wird dann reduziert.

Beim Software-Engineering korrelieren das Prinzip der Kapselung und das Geheimnisprinzip miteinander. Kapselung bezeichnet den Prozeß, über den einzelne Modell- oder Systemeinheiten definiert werden.[15] Auch die Kapselung stellt nach außen, d.h. zum Umsystem, eine Abstraktion bereit. Über eine

---

[14] Vgl. *Breutmann, B. / Burkhardt, R.*: Objektorientierte Systeme, 1992, S. 63

[15] Vgl. *Pinson, L.J./ Wiener, R.,S.*: An Introduction to Object-Oriented Programming, 1988, S. 7

geeignete Methode zur Einkapselung wird erreicht, daß die Details einer Idee, die sowohl Daten als auch Prozeduren oder Funktionen betreffen können, nur innerhalb der gekapselten Einheit zugänglich sind.[16] Zum Umsystem hin soll lediglich die Funktionalität im weiten Sinne sowie die Schnittstelle exakt und vollständig beschrieben werden. Dadurch ist gleichzeitig das Geheimnisprinzip erfüllt. Allein über die Schnittstellen darf es möglich sein, auf die eingekapselte Abstraktion zuzugreifen, sie zu nutzen und insbesondere ihre Eigenschaften zu verändern. So ist sichergestellt, daß diese Operationen gemeinsam mit der Abstraktion entwickelt werden.

Objekte und Klassen sind in genau diesem Sinne Kapselungen. Sie repräsentieren eine bestimmte Idee, ihr Inhalt ist geschützt und nur über die *Botschaften-Schnittstelle* zugänglich. Die internen Details nehmen auf das gesamte Systemverhalten keinen Einfluß. Deshalb ist es möglich, bei den meisten Systembetrachtungen auf diese Details zu verzichten.

Die Prinzipien Abstraktion, Kapselung, Vererbung und Polymorphismus sind die wichtigsten Charakteristika zur Beurteilung objektorientierter Ansätze.[17]

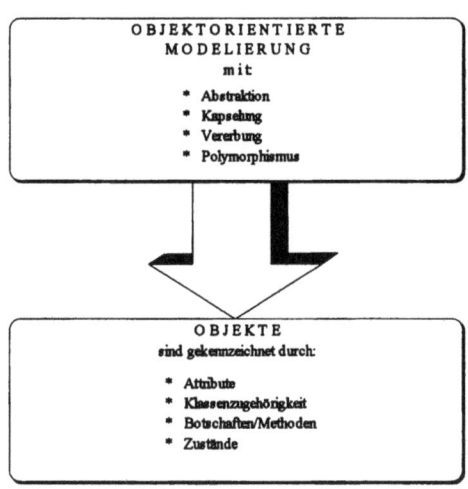

Abbildung C-3.: Komponenten der Objektorientierung

---

[16] Vgl. *Bülow, D.*: Was heißt "Objektorientierung" eigentlich?, 1992, S. 7

[17] Vgl. *Pinson, L.J./ Wiener, R.S.*: An Introduction to Object-Oriented Programming, 1988, S. 1

II. Einsatz objektorientierter Ansätze für den Systementwurf

Objektorientiertes Entwerfen bedeutet, Software-Engineering mit den Elementen und Prinzipien der Objektorientierung zu verbinden.[18] Dabei läßt sich diese Kombination durch viele Vorteile rechtfertigen; abgesehen davon, daß der Systementwurf generell noch erheblich verbessert werden muß. Einer neueren Studie zufolge kommen nur 2% der Software-Projekte so zum Einsatz wie sie den Anwendern übergeben werden und sogar 29% der fertiggestellten Software-Systeme werden nie verwendet.[19] Die Ursachen der Mängel sind breit gestreut, aber ein Großteil resultiert aus einem unzureichenden Entwurf und aus einer fehlerhaften Anforderungsanalyse während der Definitionsphase. Dies ist wiederum primär durch Kommunikationsschwächen zwischen Entwicklern und Anwendern verursacht.[20]

In objektorientierten Ansätzen zur Software-Entwicklung werden meistens auch einzelne Phasen oder Aktivitäten unterschieden, jedoch hat sich noch keine Standardeinteilung durchsetzten können. Wenn es möglich ist, die Phasenübergänge fließender zu gestalten, so daß nicht immer ein Methoden- und Strukturbruch bei jedem Phasenwechsel entsteht, muß das klassische Strukturierungskonzept der Software-Entwicklung auch nicht aufgegeben werden. Wichtig ist, daß die Rückkopplungen zwischen den Phasen natürlich, d.h. wenig aufwendig, in dem Gesamtkonzept beinhaltet sind. Das ist bei der Entwicklung verteilter Informationssysteme besonders wichtig, weil vornehmlich dieser Prozeß von zahlreichen Rückkopplungsbeziehungen geprägt ist.

Am häufigsten wird zwischen einer objektorientierten Analyse, einem objektorientierten Entwurf und einer objektorientierten Realisierung oder Implementierung unterschieden. Sowohl für die objektorientierte Analyse als auch für den objektorientierten Entwurf existieren verschiedene Definitionen, die diese Aktivitäten mit abweichenden Aufgabeninhalten belegen. Grundsätzlich dient die objektorientierte Analyse dazu, den Problemkomplex genau zu untersuchen. Das beinhaltet immer die Aufgabe, die betroffenen Objekte zu identifizieren. Manche Ansätze verbinden damit die Anforderungsdefinition, indem sie den Objekten gewünschte Tätigkeiten zuordnen, die dann ein gefordertes Systemverhalten bewirken. Wegen dieser Anforderungsdefinition ist die objektorientierte Analyse in die ursprüngliche Definitionsphase einzugliedern. Aufgrund der Objektidentifikation und der Tätigkeitenzuordnung erfüllt sie jedoch ebenso Aufgaben des herkömmlichen Entwurfs. Dieser objekt-

---

[18] Vgl. *Breutmann, B. / Burkhardt, R.*: Objektorientierte Systeme, 1992, S. 73

[19] Vgl. *Achatzi, G.H.*: Praxis der strukturierten Analyse, 1991, S. 4

[20] Vgl. Abbildung C-4.

orientierten Analyse folgt der objektorientierte Entwurf mit dem Ziel, zu präzisieren, *wie* die Leistung erbracht werden soll.[21]

Im folgenden wird an dem klassischen Phasenkonzept als Strukturierungsmittel weiterhin festgehalten. Eine Anforderungsanalyse kann auf herkömmliche Weise vorgenommen werden, wobei die objektorientierte Philosophie berücksichtigt werden soll. Das geschieht, indem die präzisierten Anforderungen bestimmten Einheiten zugeordnet werden, so z.B. Unternehmensbereichen, Abteilungen oder Geschäftseinheiten. Dadurch wird einerseits die spätere Kommunikation zwischen Systementwickler und Anwender erleichtert; andererseits ist so bereits eine grobe Objektstruktur vorgegeben. Aufgabe des sich anschließenden Systementwurfs ist es dann, Objekte konkret zu identifizieren, Klassen zu definieren und Verhalten zu konkretisieren. Das Systemverhalten entsteht aus dem Zusammenwirken der Objekte: zum einen über den Systemaufbau, also das Klassenkonzept, und zum anderen über den Botschaftenaustausch mit seinen Konsequenzen.

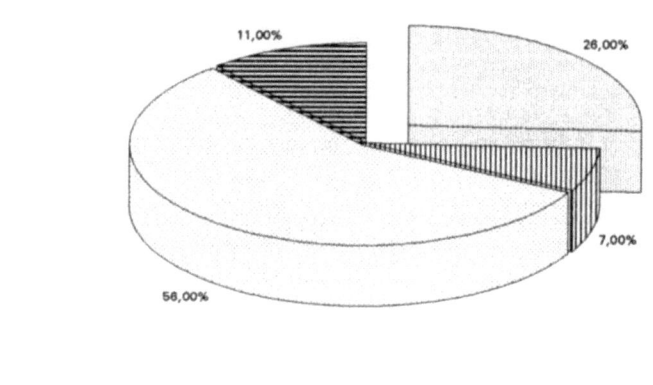

Abbildung C-4.: Verteilung der Fehlerursachen[22]

---

[21] Vgl. *Stahlknecht, P./Appelfeller, W.*: Objektorientiertes Design, 1992, S. 249 f.

[22] Vgl. *Achatzi, G.H.*: Praxis der strukturierten Analyse, 1991, S. 46

1. Anforderungen an Entwurfsmethoden

Softwareentwicklung ist ein analytischer, kreativer, technischer und organisatorischer Prozeß. Deshalb sind nur wenige Arbeitsinhalte automatisiert oder können in nächster Zukunft automatisiert werden. Hingegen ist eine automatisierte Aufgabenunterstützung über CASE-Systeme, Methodendatenbanken, Graphik-Editoren, automatische Petri-Netz-Werkzeuge und ähnliches möglich. Trotzdem verbleibt die eigentliche Entwicklungstätigkeit beim Menschen und macht den überwiegenden Teil der Kosten der elektronischen Datenverarbeitung aus.[23] Der Zwang zur Wirtschaftlichkeit fordert somit, geeignete Verfahren, Methoden und Werkzeuge zu erarbeiten, die den Systementwickler bei seiner Arbeit unterstützen. Hinzu kommen folgende Ziele:

1. Den Entwickler von Routinetätigkeiten zu entlasten,

2. Eine strukturierte, durchgängige oder zumindest abstimmbare Arbeitsweise zu gewährleisten,

3. Die Kommunikation mit Teamkollegen und Endanwendern zu erleichtern sowie

4. Korrektheits-, Konsistenz-, Vollständigkeits- und Fortschrittsüberprüfungen zu ermöglichen.

Diese Ziele erhalten um so größeres Gewicht, als die Anforderungen an die zu entwickelnden Systeme stetig wachsen. Das läßt sich pauschal mit der zunehmenden Komplexität der Systeme begründen, die wiederum zwei Ursachen hat: erstens die wachsende Vielfalt einer sich ständig ändernden Basistechnologie und zweitens die inhaltlich umfassenderen Anwendungssysteme.[24] Der Umfang der Informationssysteme nimmt zum einen zu, weil die Anzahl der unterstützten fachlichen Aufgaben immer größer wird, u.a. durch die Integration getrennter Systeme zu einem Informationssystem, und zum anderen, weil die Forderungen nach Benutzerfreundlichkeit, Kombinierbarkeit und Effizienz immer mehr erfüllt werden. Die dazu notwendige Basis - die Hardware - steht dank des technischen Fortschritts und des Preisverfalls bei vielen essentiellen Komponenten zur Verfügung. Mit dieser Geschwindigkeit kann jedoch der Fortschritt bei der Softwareentwicklung nicht mithalten. Das gilt gleichermaßen für die Implementierung wie für die vorhergehenden Phasen. Neue Ansätze, wie beispielsweise Arbeiten in den

---

[23] Vgl. *Gebhardt, R./ Schnitzler, R./ Roggenbuck, S./ Ameling, W.*: Modellorientierte Softwareentwicklung, 1992, S. 308

[24] Vgl. *microTOOL*: Objektorientierte Softwareentwicklung mit case/4/0, 1991, S. 8

Bereichen neuronale Netze, nicht-normalisierte Datenbanken und Mustererkennung, lassen hier unbestreitbar große Entwicklungssprünge erwarten.

Ein Entwurfsansatz, der den oben genannten Ansprüchen gerecht wird, sollte idealerweise folgende Kriterien erfüllen:[25]

(1) Die Vorgehensweise und die Ergebnisse der Daten-, Funktions- und Leistungsmodellierung müssen einheitlich sein oder zumindest gewährleisten, daß die verschiedenen Resultate miteinander abstimmbar und aneinander anpaßbar sind. Ferner müssen fliessende Übergänge zu den anderen Entwicklungsphasen sichergestellt sein, damit Informationsrückkopplungen eingearbeitet werden können.

(2) Aus den Informationsrückkopplungen leitet sich ebenfalls die Forderung nach der Adaptibilität der Ergebnisse ab. Das beinhaltet die Eigenschaften, das System sowohl erweitern und präzisieren, als auch komfortabel modifizieren zu können. Grundsätzlich soll ermöglicht werden, inkrementell und iterativ zu entwickeln; und zwar so, daß die Ergebnisse der Zwischenstufen bereits Rückschlüsse zulassen.

(3) Neue, komplexe Informationssysteme sind primär datenorientiert ausgerichtet. Es ist aber erkannt, daß es vorteilhaft ist, wenn die Daten und die darauf aufsetzenden Funktionen gemeinsam, in einem Schritt, entworfen werden. Daten und Funktionen bilden eine Einheit und sind als solche auch abzubilden, wobei eine bevorzugte Daten- oder Funktionensicht vermieden wird.

(4) Menschen können nur wenige Aspekte eines Sachverhalts zugleich berücksichtigen. Deshalb gehört es zu einer unabdingbaren Voraussetzung für einen Entwicklungsansatz, daß dieser in der Lage ist, die Komplexität eines Problems zu reduzieren. Grundsätzlich kann das durch Dekomposition des Problems in Teilprobleme geschehen oder durch Relaxation. Bei der Relaxation ist das zu lösende Problem soweit zu vereinfachen, daß eine Lösung gefunden werden kann. Für diese Lösung muß entweder sichergestellt sein, daß sie ein gutes Ergebnis für die ursprüngliche Fra-

---

[25] Vgl. *Gebhardt, R./ Schnitzler, R./ Roggenbuck, S./ Ameling, W.*: Modellorientierte Softwareentwicklung, 1992, S. 308 f. und microTOOL: Objektorientierte Softwareentwicklung mit case/4/0, 1991, S. 8 f. sowie *Kolb, A.*: Ein pragmatischer Ansatz zum Requirements Engineering, 1992, S. 320

gestellung erbringt oder eine Basis für Ergebnisverbesserungen sein kann.[26]

(5) Insbesondere um die Wirtschaftlichkeit des Entwurfs zu fördern, aber auch um langweilige, mühsame und unnötige Wiederholungen zu vermeiden, soll ein Entwurfsansatz so gestaltet sein, daß einmal entworfene Komponenten wiederverwendbar sind. Ein neuer Systementwurf muß also auch bereits in älteren Modellen eingesetzte Elemente beinhalten können. Das ist die zentrale Forderung. Hinzu kommt jedoch noch die Nachfrage nach einer adäquaten Form, den Entwurf, die Bausteine oder die Modellelemente so abzulegen, daß effizient danach gesucht und darauf zugegriffen werden kann. Das scheint zwar selbstverständlich, bereitet aber in der Umsetzung Schwierigkeiten, insbesondere weil ein offensichtliches Ordnungskriterium fehlt.

(6) In der Entwurfsphase arbeiten Systementwickler und Endanwender noch eng zusammen. So sollte es zumindest sein. Schwierigkeiten ergeben sich aus den unterschiedlichen Kenntnissen über die Fachgebiete und Aufgabenbereiche, die durch das Informationssystem abgedeckt werden sollen. Während der Entwickler meist nur ein eingeschränktes Wissen über die abzubildenden Arbeitsaufgaben und -abläufe besitzt, sind die Fachleute oft so vertraut mit der Materie, daß sie die Probleme, die sich für einen Außenseiter ergeben können, nicht erkennen. Oftmals werden deshalb die Anforderungen an das System nicht deutlich gemacht. Die eigentliche Malaise liegt aber darin, daß es für die Endanwender nicht überprüfbar ist, ob die formulierten Ansprüche in ihrem Sinne umgesetzt sind, weil sie wiederum die Modelle oder sonstige Entwurfsdokumente nicht verstehen und interpretieren können. Das *Modellmonopol* der Entwickler verhindert somit, daß auch ein potentieller Systembenutzer die Systemleistungen antizipieren und beurteilen kann. Daraus folgt, daß Entwurfsergebnisse unbedingt in einer allgemein verständlichen, klaren und einfachen Form abgefaßt werden müssen. Gleichzeitig bilden sie aber die Basis für die Implementierung. Beide Aspekte sind für einen Entwurfsansatz in geeigneter Weise zu kombinieren.[27]

Aus diesen Entwurfszielen und -kriterien leiten sich unter anderem die klassischen Prinzipien des strukturierten Entwurfs, wie z.B. die Modularisierung,

---

[26] Vgl. *Schneeweiß, C.*: Planung, Band 2, 1992, S. 25 ff.

[27] Zu Punkt (6) vgl. insbesondere *Gryczan, G. / Züllighoven, H.*: Objektorientierte Systementwicklung, 1992, S. 266

das Prinzip der Lokalität oder die vollständige Beschreibung der Schnittstellen, ab. Da sich diese Prinzipien bewährt haben, sollen sie auch in neuen Ansätzen Berück-sichtigung finden. Allerdings bilden sie keine unveränderliche oder gar vollständige Grundlage, so daß ein innovativer Entwurfsansatz neben neuen Methoden und Verfahren auch weitere Prinzipien festlegen kann. Über diese drei Instrumente sind Vorgehensweise, Elemente und Darstellungsart eines Entwurfs zu definieren.[28]

2. Vorteile der objektorientierten Modellierung

Die Auswahl eines Entwurfsverfahrens kann heute aus einer Fülle von Alternativen erfolgen. Die unterschiedlichen Verfahren zu bewerten, ist nicht eindeutig möglich. Manche sind nur für spezielle Aufgaben geeignet, andere erfüllen mehr oder weniger die gestellten Anforderungen. Wie bei anderen Techniken auch, die Freiheitsgrade für Kreativität lassen müssen, ist ein Urteil über Entwurfsverfahren immer subjektiv beeinflußt, wobei nicht zuletzt Gewohnheiten eine Rolle spielen. Ein unbestreitbarer Vorteil der objektorientierten Vorgehensweise ist aber, daß gutes Software-Engineering erzwungen wird. Der vorgegebene Rahmen ist so ausgelegt, daß es nicht nur möglich, sondern obligatorisch ist, die wichtigen Entwurfsprinzipien zu befolgen.

Objektorientierte Ansätze basieren auf dem Prinzip der Abstraktion. Abstraktion wird durch Objekte, Klassen und Botschaften ausgedrückt. Dabei sind Objekte vielfach Datenabstraktionen, und Botschaften können immer als funktionale Abstraktionen aufgefaßt werden. Gleichzeitig stellen die Objekte eine datenorientierte Sicht bereit, da im Vordergrund der Betrachtungen Objekte stehen können, die Elemente oder Daten repräsentieren, an denen entweder eine Aktion vollzogen oder veranlaßt wird. Zudem fungieren Objekte auch als ″Zustandsspeicher′, so daß sämtliche Funktionen von Daten abgebildet sind. Trotzdem ist der Entwurf der Funktionen oder Prozesse des Systems nicht von dem Entwurf der Daten losgelöst, weil die Methoden ausschließlich auf den zugehörigen Klassen oder Objekten aufbauend entwickelt werden. Damit sind die zwei Forderungen zum einen nach bevorzugter Datensicht, und zum anderen nach einem integrierten Entwurf von Daten und Funktionen bestmöglich erfüllt. Weiterhin zeigt die Praxis, daß die zu einer Botschaft gehörigen Methoden immer einen überschaubaren Umfang haben, womit dem Wunsch nach kleiner Modulgröße nachgekommen wird.[29] Da eine Methode immer an ein Objekt gebunden ist, sind dem Methodenumfang

---

[28] Vgl. *Stahlknecht, P./ Appelfeller, W.*: Objektorientiertes Design (ooD), 1992, S. 252

[29] Eine Faustregel besagt, daß ein Modul 30 *lines of code* nicht überschreiten sollte. Vgl. *Achatzi, G.H.*: Praxis der strukturierten Analyse, 1991, S. 42

natürliche Grenzen gesetzt, die im konventionellen Entwurf von der Disziplin des Systementwicklers abhängen.

Ein Urteil über die Art des Vorgehens im Prozeß eines Systementwurfs ist immer subjektiv geprägt. Die objektorientierte Vorgehensweise beginnt mit einer induktiven Methode, da aus der Beobachtung von Einzelheiten auf die Gesamtzusammenhänge im System und auf generalisierende Klassendefinitionen geschlossen wird. Erst nach und nach ist es möglich, ein Verständnis für das System zu erhalten, das Generalisierung und Abstraktion auf hoher Ebene erlaubt. Es ist immer einfacher, sich mit Details zu beschäftigen als das Wesentliche herauszufiltern, wofür exaktes Erkennen und Verstehen der Gesamtzusammenhänge notwendig ist.[30] Zusätzlich ist es aber im objektorientierten Entwurf möglich, den Entwurfsprozeß begleitend einen Prototypen zu entwickeln, der schrittweise verfeinert wird. Damit ist ein zweistufiger Prozeß charakterisiert: Das Systemverständnis wird induktiv erarbeitet, wobei auch schon Objekte mit ihrem Verhalten identifiziert werden. Der eigentliche Systementwurf geht aber vom Allgemeinen ins Spezielle. Dabei unterstützt das *rapid prototyping* die zweite Stufe. Ein objektorientierter Entwurf kann direkt in ein objektorientiertes Programm umgesetzt werden. Dieses objektorientierte Programm hat noch nichts mit der späteren Systemimplementierung gemein, sondern ist allein ein Hilfsmittel des Entwurfs. In dem objektorientierten Programm kann die Systemstruktur abgebildet, und das von dieser Struktur erzeugte dynamische Verhalten analysiert werden. Von mindestens gleich hohem Wert ist weiterhin die Möglichkeit, - anhand des Programms - den späteren Anwendern das System zu präsentieren. So kann die Arbeitsweise des Systems zwar nur grob, aber plastisch dargestellt werden und es wird möglich, Verständnis- und Entwurfsfehler frühzeitig zu lokalisieren. Auf diese Weise entsteht der Entwurf inkrementell, indem sukzessive das Verhalten und die Eigenschaften des Systems - über die Definition neuer Unterklassen mit speziellen Charakteristika - präzisiert werden. Dabei erarbeiten Systementwickler und Anwender anhand des Prototypen, der die Basis der Kommunikation bildet, den endgültigen Systementwurf gemeinsam.

Die Art dieses inkrementellen Systementwurfs, vom Generellen ins Spezielle, impliziert auch die Form der Komplexitätsreduktion, die in der Modellkonstruktion eine zentrale Stellung einnimmt.[31] Komplexität wird vorzugsweise durch zunehmender Detaillierung reduziert und nicht durch getrennt entwickelte Teilsysteme, die zu einem Endsystem zusammengeführt

---

[30]Vgl. *Vetter, M.*: Informationssysteme in der Unternehmung, 1990, S. 34

[31]Vgl. *Milling, P.*: Die Konzipierung von Entscheidungsmodellen sozialer Systeme, 1979, S. 40

werden. Dieser *Top-down*-Entwurf entspricht der charakteristischen objektorientierten Idee der Abstraktion und dem Suchen nach dem Wesentlichen. Im Zuge einer Projektplanung muß es aber auch möglich sein, ein System zu unterteilen, um mehrere Mitarbeiter parallel an dem Entwurf arbeiten zu lassen. Das kann schon während der objektorientierten Analyse geschehen, um zum Ende der Entwurfsphase über die ausgetauschten Botschaften die einzelnen Teile wieder zu einem Ganzen zu vereinen.

Die Eigenschaft, die es ermöglicht, ein System anhand von Klassen zu unterteilen, ist gleichermaßen ursächlich für die unproblematische Wiederverwendbarkeit einmal entworfener Komponenten in objektorientierten Ansätzen. Klassen können als Bausteine aufgefaßt werden, aus denen sich neu zu entwickelnde Software-Systeme zusammensetzten. Darin liegt auch ein weiterer Grund, Details erst mit Hilfe von Unterklassen zu modellieren, um die Oberklassen für mehrere Fälle verwendbar zu machen. Dadurch werden Entwicklungszeiten verkürzt und die Entwurfsproduktivität wird erhöht.[32] Das Baukastenprinzip erleichtert zudem, das System zu modifizieren. Ein Anpassungsbedarf ist gut zu lokalisieren und seine Auswirkungen sind einfach zu kontrollieren. Es hat sich gleichzeitig aber gezeigt, daß trotz der wachsenden Umweltdynamik, die immer häufigere Modifikationen der Informationssysteme erzwingt, Klassen und Objekte einen stabilen Rahmen für den Systementwurf bilden. Klassen werden selten aus dem System entnommen oder durch grundlegend veränderte Klassen ersetzt. Häufig wechseln hingegen die Attribute von Klassen oder Objekten sowie die von ihnen bereitgestellten Dienste.[33]

Die aufgezeigten Vorteile kommen erst bei der Entwicklung komplexer Systeme, z.B. Informationssysteme, zur Geltung. Objektorientierte Ansätze sind für begrenzte Probleme ungeeignet,[34] weil der Aufwand bei objektorientierter Vorgehensweise dafür zu groß ist. Es lohnt nicht, kleinere Aufgabenstellungen erst allgemein abzuhandeln und dann schrittweise zu verfeinern. Weiterhin ist ein objektorientierter Entwurf, wenn keine objektorientierte Implementierung geplant ist, immer ein konzeptueller Entwurf. Um Kontrollstrukturen, z.B. Verzweigungen, oder Datenstrukturen und ähnliches zu entwerfen, sind objektorientierte Ansätze nicht geeignet. Es ist aber möglich, die Ergebnisse so darzustellen, daß ein implementierungsnaher Entwurf darauf aufbauen kann. Ebenso ist es unproblematisch, vorhergehende Phasen auf einen objektorientierten Entwurf auszurichten; insbesondere trifft das für die Anforderungsanalyse zu. In dieser können gewünschte Dienste,

---

[32] Vgl. *Endres, A. / Uhl, J.*: Objektorientierte Software-Entwicklung, 1992, S. 260

[33] Vgl. *Coad, P. / Yourdon, E.*: Object-Oriented Analysis, 1991, S. 54

[34] Vgl. *Bülow, D.*: Was heißt "Objektorientierung" eigentlich?, 1992, S. 7

Informationen und Leistungen bestimmten Abteilungen oder sonstigen Gruppen zugeordnet werden. Damit ist eine gute Ausgangsbasis für die Objektorientierung gelegt.

3. Verbindung von objektorientierten und systemtheoretischen Ansätzen

Betriebliche Informationssysteme sind Hilfsmittel, das Geschehen in einem Unternehmen zu planen, zu steuern und zu kontrollieren. Jedes sinnvolle Informationssystem ist daher nur auf der Grundlage einer Analyse des betrieblichen Leistungsbereiches, auch Basissystem des Unternehmens genannt, zu modellieren.[35] Im Informationssystem selbst kann eine systemtheoretische Betrachtungsweise zwar die Datenverarbeitungsaufgaben als die relevanten Systemelemente, und die Informationsflüsse als die Beziehungen zwischen diesen Elementen charakterisieren,[36] das System muß aber über diese Grenzen hinaus erfaßt werden.

Ein betriebliches Informationssystem ist ein komplexes, dynamisches, durch Menschen geschaffenes und durch menschliche Verhaltensweisen beeinflußtes System. Informationssysteme sind komplex, wegen der manigfachen Wirkzusammenhänge und aufgrund der vielen möglichen Systemzustände im Zeitablauf.[37] Deshalb ist das klassische Kausalschema direkter Ursache-Wirkzusammenhänge für die Analyse und für die Modellierung moderner Informationssysteme nicht mehr geeignet. Die umfangreichen Kausalnexi und die Notwendigkeit, Informationsflüsse immer im Zusammenhang mit den Vorgängen im Basissystem zu verstehen, erfordern interdisziplinäre Kooperation und Koordination.[38] Nach der Systemtheorie ist die Integration als Zusammenspiel unterschiedlicher Systeme möglich, um ein erfolgreiches Gesamtkonzept zu entwickeln.[39] Sie bietet somit das grundlegende Instrumentarium an, mit dessen Hilfe Informationssysteme und Basissysteme analysiert, abgebildet und entwickelt werden können. Damit wird aber noch nicht festgelegt, wie die Abbildungsform zu gestalten ist und wie die systemtheoretische Vorgehensweise festgelegt sein soll. Es bleibt offen, wie die Systemkomponenten - die Elemente, deren Eigenschaften, die Beziehungen zwischen den Elementen sowie die Beziehungen zwischen den

---

[35] Vgl. *Ferstl, O.K., Sinz, E.J.*: Objektorientierte fachliche Analyse, 1992, S. 37

[36] Vgl. *Poths, W.*: Informationszentren im Maschinenbau, 1973, S. 161

[37] Vgl. *Komorek, C.*: Methoden und Denkweise der Unternehmenskybernetik, 1991, S. 43

[38] Vgl. *Grochla, E.*: Systemtheoretische-kybernetische Modellbildung betrieblicher Systeme, 1974, S. 12

[39] Vgl. *Vetter, M.*: Informationssysteme in der Unternehmung, 1990, S. 8 f.

Elementen und der Umwelt - [40] identifiziert und modelliert werden sollen. Antworten auf diese Fragen sind nicht allgemein gültig zu geben, sondern müssen situativ angepaßt sein. Die folgenden Vorschläge bezüglich einer objektorientierten Vorgehensweise beschränken sich ausschließlich auf das Software-Engineering von Informationssystemen, weiter unten im Kapitel speziell auf verteilte Informationssysteme. Das ist für den zeitlichen Horizont der Betrachtungen, für den Detaillierungsgrad der Ergebnisse und für die änderbaren Systemparameter wichtig. Beispielsweise müssen bei der Analyse eines verteilten Informationssystems Aussagen über den tatsächlichen Datendurchsatz pro Tag gemacht werden. Hingegen sind von einer Untersuchung über die Arbeitslosigkeit in einer Volkswirtschaft vielleicht nur Tendenzaussagen für einen Zeitraum von zehn Jahren zu erwarten.

Grundsätzlich erlaubt eine objektorientierte Modellierung Systeme direkt abzubilden. Objekte repräsentieren dabei die Systemelemente und die zwischen ihnen ausgetauschten Botschaften als Beziehungen zwischen den Elementen. Ein so gestaltetes Modell wäre jedoch noch kein Strukturierungstool, weil es viel zu unübersichtlich ist. Deshalb muß das System über die Definition von Klassen generalisiert werden. Die Aufbaustruktur wird somit nicht nur durch die ausgetauschten Botschaften, sondern auch über das Klassenkonzept ausgedrückt. Dabei ist vorteilhaft, daß das Informationssystem, das Basissystem und ebenso außerbetriebliche Elemente homogen modelliert werden können.

Die Definition der Systemgrenzen hängt somit ausschließlich von der Zielsetzung ab. Mit Hilfe von objektorientierten Modellen können entweder die Auswirkungen von Vorgängen im Basissystem auf das Informationssystem aufgezeigt, oder die Konsequenzen neuer Steuerungskonzepte des Informationssystems im Basissystem untersucht werden. Theoretisch wäre das mit lediglich einem umfassenden Modell möglich, da es sich ja auch jeweils nur um *ein* betriebliches System mit Basissystem und Informationssystem handelt. Das Modell würde jedoch einen handhabbaren Umfang überschreiten. Deshalb ist es vorzuziehen, je nach Sichtweise und Zielsetzung, das im Zentrum der Analyse stehende System zu modellieren und das Umsystem objektorientiert über die relevanten Steuerungsparameter als exogene Systemgrößen abzubilden. Dabei ist insbesondere auf die Schnittstellen zwischen System und Umsystem zu achten.

---

[40] Vgl. *Fuchs, H.*: Basiskonzepte zur Analyse und Gestaltung komplexer Informationssysteme, 1971, S. 65

Die Ablauf- oder Prozeßstruktur, die durch die Aufbaustruktur bedingt ist, kann nur mit Hilfe einer Simulation überprüft werden. Dabei ist Überprüfen in dem Sinne gemeint, daß tatsächlich a priori eine Hypothese über das von derSystemstruktur generierte Verhalten notwendig ist, um die Ergebnisse einer Simulation zu interpretieren und wieder Rückschlüsse auf den Änderungsbedarf der Aufbaustruktur ziehen zu können.[41] Objektorientierte Modelle eignen sich besonders zur ereignisgesteuerten Simulation.[42]

III. Aktivitäten beim konzeptuellen objektorientierten Entwurf

Ziel des konzeptuellen Entwurfs von Informationssystemen ist es, ein Modell zu erstellen. Ein konzeptuelles Modell ist eine problemorientierte, formale Beschreibung des Systems und der Systemumwelt.[43] Die Systemumwelt umfaßt die Menge von Komponenten, die nicht zum modellierten System selbst gehören, aber dennoch berücksichtigt werden müssen, weil sie das Systemverhalten beeinflussen.[44] Das konzeptuelle Modell soll Kommunikationsgrundlage zwischen Systementwickler und Endanwender sein;[45] unabhängig davon, ob es als implementierter Prototyp vorliegt, graphisch dargestellt oder verbal formuliert ist.

Aus dem vorläufig abgeschlossenen konzeptuellen Entwurf werden die näher an die Implementierung angelehnten Daten- und Funktionenmodelle abgeleitet.[46] Das muß zumindest dann erfolgen, wenn das Informationssystem nicht rein objektorientiert implementiert wird, was aus Gründen der Effizienz nicht zu empfehlen ist. Außerdem ist das Datenmodell eine unverzichtbare Grundlage für die Organisation der Datenbank. Im Idealfall sollte der konzeptuelle Entwurf tatsächlich, also nicht nur vorläufig, abgeschlossen sein; erfahrungsgemäß kommen aber aus der Implementierungsphase meist noch Rückfragen und Modifikationsvorschläge. Es wäre realitätsfern anzunehmen, daß jeder sorgfältige Entwurf sofort fehlerfrei und vollständig ist. Schlimmstenfalls können sogar veränderte Rahmenbedingungen und/oder

---

[41] Vgl. *Kurrle, S.*: Integration von Informations- und Produktionstechnologien im Industriebetrieb, 1988, S. 20

[42] Vgl. Kapitel D.III

[43] Vgl. *Németh, T.*: Konzeptuelle Objektsysteme zur Modellierung von Informations- und Steuerungssysteme, 1991, S. 18

[44] Vgl. *Ott, H.-J.*: Software-Systementwicklung, 1991, S. 25

[45] Vgl. *Németh, T.*, a.a.O., S. 16

[46] Vgl. Kapitel B.I.3

neue Anwenderwünsche während der Implementierungsphase noch Entwurfsmodifikationen erzwingen. Daß schließlich ein konzeptueller Gesamtentwurf eines verteilten Informationssystems eine Sonderstellung einnimmt und für Änderungen offen sein muß, akzentuiert nur zusätzlich die Bedeutung, die einem flexiblen Entwurfsinstrumentarium zukommt.

Wird das konzeptuelle Modell objektorientiert entwickelt, sind folgende Aktivitäten zu unterscheiden:[47]

 1. Anhand der Anforderungsanalyse ist das System abzugrenzen und die Zielsetzungen sind klar zu definieren.

 2. Objekte und Klassen des Modells, das den Zielen gerecht wird, müssen identifiziert und entworfen werden.

 3. Die Dienste sind zu bestimmen, die von den Objekten erbracht werden müssen, damit sie die geforderten Aufgaben erfüllen können.

 4. Die Sequenzen von Diensten oder Prozessen, die das gewünschte Systemverhalten ergeben, sind festzulegen.

Von diesen Vorgängen ist lediglich der erste chronologisch fixiert, er geht den anderen immer voraus. Die folgenden drei Schritte laufen weitgehend parallel und iterativ ab. Das gilt sowohl für die objektorientierte Entwurfsstufe, in der das erste Systemverständnis erarbeitet wird, als auch für die schrittweise Verfeinerung des zweiten Abschnittes einer objektorientierten Entwurfsphase. Die in den folgenden Kapiteln vorgenommene Trennung in statische und dynamische Modellkomponenten ist somit ausschließlich strukturell begründet und repräsentiert keine zeitliche Aktivitätenfolge.

Die größte Schwierigkeit beim objektorientierten Entwerfen besteht darin, das System effizient in Klassen und Objekte zu gliedern. Es handelt sich dabei um einen schöpferischen Prozeß, der kaum formalisiert werden kann, sondern primär Intuition, Erfahrung und Geschick erfordert. Er wird durch die Möglichkeit, bereits definierte Klassen - und damit Lösungsvorschläge - zu übernehmen, wesentlich vereinfacht und verkürzt. Ferner dienen systemtheoretische Begriffe, wie passive und aktive Systemelemente, Prozesse, Bedingungen, Ereignisse sowie Beziehungen, als Ansätze und Strukturierungskriterien beim objektorientierten konzeptuellen Entwurf.

---

[47] Diese Schritte sind an einen Vorschlag zur objektorientierten Implementierung von *Pinson, L.J. / Wiener, R.S.*: An Introduction to Object-Oriented Programming and Smalltalk, 1988, S. 2, angelehnt.

III. Aktivitäten beim konzeptuellen objektorientierten Entwurf   121

1. Entwicklung der statischen Modellelemente

In einem objektorientierten Modell bestimmen die Objekte und die Klassen die Aufbaustruktur des Modells sowie die Anordungsbeziehungen zwischen den Systemelementen. Die direkte, unkomplizierte Art, diese Aufbaustruktur zu entwerfen, beginnt mit dem induktiven Ansatz. Dazu müssen die für das Informationssystem relevanten Systemelemente identifiziert werden. Gute Ansatzpunkte sind immer:

(1.) Die Endanwender des Informationssystems,

(2.) Die betroffenen Gruppen, Abteilungen oder betrieblichen Bereiche, die entweder Informationen als Eingaben für das Informationssystem liefern oder die durch das Informationssystem gesteuert werden,

(3.) Die relevanten Steuerparameter, wie z.B. Zeiten, Kosten, Auslastungsgrade,

(4.) Die betroffenen konkreten Stellen in den Betriebsbereichen, unter anderem Maschinen, Lager, Kostenstellen,

(5.) Die gewünschten Ergebnisse und

(6.) Die außerbetrieblichen Elemente, die das Systemverhalten beeinflussen können.

Diese erste Aufstellung möglicher Systemelemente ist noch ein unstrukturiertes Sammelsurium, das im weiteren Vorgehen geordnet werden soll. Dazu sind die gefundenen Elemente drei Gruppen zuzuordnen:

1. Die Elemente, die das Informationssystem selbst umfaßt,

2. Die Elemente, die das Informationssystem abbildet, steuert, kontrolliert und/oder plant,

3. Die relevanten Elemente der Systemumwelt.

Die so charakterisierten Mengen sind nicht überschneidungsfrei, da beispielsweise die meisten der gesteuerten, geplanten oder kontrollierten Elemente im Informationssystem selbst auch als Daten vorkommen. Weiterhin wird in diesem Arbeitsgang deutlich, daß nicht sämtliche Elemente der ersten Aufstellung als Objekte, sondern manche als Attribute, aufzufassen sind. Damit ergibt sich die nächste Aufgabe: Die Elemente, aus denen das Informationssystem besteht, oder - anders ausgedrückt - die Objekte, die als statische Komponenten das Modell des Informationssystems bestimmen, sind mit den für das System relevanten Attributen zu charakterisieren.

Attribute übernehmen verschiedene Funktionen. Sie beschreiben ein Objekt und ermöglichen dadurch, das Objekt zu identifizieren. Ebenso sind sie eine Art Wissensspeicher für das Objekt. Um Attribute festzulegen, müssen somit zum einen die Eigenschaften des Objektes geklärt werden, und zum anderen ist die Attributenliste nach und nach um die Informationen zu erweitern, die das Objekt benötigt, um seine Dienste zu erfüllen oder die es sich temporär ´merken´ muß.[48] Für die Attribute sind ferner jeweils die Wertebereiche zu definieren, die insbesondere für spätere Konsistenzüberprüfungen benötigt werden.

Inwieweit auch die Elemente der zweiten Gruppe durch Attribute beschrieben werden sollten, liegt im Ermessen des Systementwicklers. Dieser muß den zusätzlichen Aufwand mit dem gewonnenen Zusatznutzen - höhere Beschreibungsgenauigkeit und damit besseres Systemverständnis - abwägen. Aber auch wenn das, durch das Informationssystem abgebildete, betriebliche Umfeld nicht so detailliert modelliert wird wie das Informationssystem selbst, soll es trotzdem weiterentwickelt werden. Insbesondere müssen die Überschneidungen der ersten Systemelemente-Gruppe (die Elemente des Informationssystems) mit der zweiten Gruppe (die abgebildeten Elemente) gründlich analysiert und berücksichtigt werden, da sie die Ein- und Ausgabe-Schnittstellen des Informationssystems repräsentieren.

In dieser parallelen Modellierung des Informationssystems einerseits und des kontrollierten betrieblichen Systems andererseits besteht ein grundsätzlicher Unterschied zu der herkömmlichen Informationsmodellierung. Informationen werden bisher vorzugsweise mit Hilfe von semantischen Datenmodellen abgebildet. Generell ist ein semantisches Datenmodell ein Verfahren, das die möglichen Beziehungen zwischen den Begriffen eines beliebigen Anwendungsbereiches vorgibt sowie die Regeln zu ihrer Analyse und Darstellung definiert.[49] Die Regeln zur Analyse beschränken sich dabei aber zumeist auf Angaben, wie diese semantischen Datenmodelle in Datenbanken abzubilden sind; sie beinhalten keine Empfehlungen oder Vorgaben für das Finden der Begriffe. Diese Einschränkung erfolgt aus denselben Gründen, die auch verhindern, daß keine allgemeingültigen Regeln für Objekt- und Klassenidentifikationen angegeben werden können.

---

[48] Vgl. *Oestereich, B.*: Objektorientierte Softwareentwicklung, 1992, S. 52

[49] Vgl. *Ortner, E. / Söllner, B.*: Semantische Datenmodellierung nach der Objekttypenmethode, 1989, S. 83

Das bekannteste semantische Datenmodell ist das Entity-Relationship-(ER)-Modell von Chen,[50] von dem vielfache Erweiterungen und modifizierte Versionen existieren.[51] Da diese Modelle speziell die Daten im Informationssystem abbilden, ist ihr Bezug zum Leistungsbereich nur indirekt über diese Daten hergestellt. Das reicht bei komplexen Systemen nicht aus. Die Übergänge vom kontrollierten System zum Informationssystem müssen explizit abgebildet und vermerkt werden; dazu sind beide Systeme zu modellieren.[52] Erst auf solch einem konzeptuellen Modell des Informationssystems aufbauend sollte ein Datenmodell entwickelt werden, das die Beziehungen zum Leistungsbereich nur noch indirekt beinhaltet.

Die folgenden Schritte gehören zum Teil bereits zu dem Entwurf der dynamischen Modellstrukturen, da sie ebenso das Systemverhalten berücksichtigen. Sie sind aber auch für die Aufbaustruktur relevant und betreffen die Definition der Klassen.

Zur Klassenbildung sind folgende Fragen zu stellen:

1. Können die Systemelemente durch gemeinsame Attribute beschrieben werden?
2. Übernehmen die Elemente ähnliche Funktionen im System?
3. Ist eine Vererbung von Eigenschaften und/oder Diensten denkbar?
4. Worin besteht das Wesentliche der Objekte?

Weiterhin ist es möglich, die Klassendefinitionen übersichtlicher zu gestalten, indem thematisch zusammengehörende Klassen mit Überbegriffen gekennzeichnet werden. So wären Klassen beispielsweise den Themenkomplexen Kontrollstrukturen, Kommunikation oder Hardware zuzuweisen. In Smalltalk sind Klassen auf diese Weise organisiert, wodurch insbesondere die Suche nach passenden Klassendefinitionen wesentlich erleichtert wird.

Durch Klassen sind auch abstrakte Vorgänge zu modellieren, z.B. eine Ereignisverwaltung. In der Realität wird dafür kein Element konkret identifiziert werden können, es ist eine völlig abstrakte Idee, ein Konglomerat von zu erledigenden Aufgaben. Diese Aufgaben können elegant in die Definition einer Klasse oder mehrerer Klassen gepackt werden und sollten nicht, wie die Realität das nahelegt, für jedes einzelne Objekt modelliert werden.

---

[50] Vgl. *Chen, P.P.*: The Entity-Relationship Model: Toward a Unified View of Data, 1976, S. 9 - 36

[51] Eine gute Übersicht über das ER-Modell und mögliche Erweiterungen gibt z.B. *Korth, H.F., Silberschatz, A.*: Database System Concepts, 1986, S. 21 - 44

[52] Einen Vorschlag zur parallelen Modellerstellung machen: *Ferstl, O.K. / Sinz, E.J.*: Objektorientierte fachliche Analyse, 1992, S. 35 ff.

Das Erkennen und Identifizieren von Ereignissen kann eine Gemeinsamkeit vieler Objekte sein, die als solche zu erkennen und in einer eigenen Klasse zu definieren ist. Der Dienst dieser Klasse steht den Objekten bei Bedarf zur Verfügung.

Das Beispiel sollte verdeutlichen, wie subtil die Aufgabe der Generalisierung durch Klassen sein kann. Das Ergebnis kann noch weiter verbessert werden, wenn ausgenutzt wird, daß es möglich ist, die Generalisation über mehrere Stufen zu definieren. Dadurch werden noch mehr Klassen zusammengefaßt und die Chance, die Klassen wiederzuverwenden, wächst, da feinere Nuancen differenziert werden.

2. Entwicklung der dynamischen Modellstrukturen

Ein großer Teil der dynamischen Modellstrukturen mit den Austausch- und Wechselbeziehungen zwischen den Objekten oder Klassen ergibt sich bereits beim Modellaufbau. Über eine Vielzahl von Klassendefinitionen wird nicht nur Vererbung nahegelegt, sondern ebenso das Angebot von Diensten. Das trifft insbesondere bei abstrakten Klassen zu. Weiterhin können Attribute als Ursache für Aktivitäten wirken, umgekehrt gilt allerdings auch, daß Aktivitäten zur Definition neuer Attribute anregen.

Die klassische Systemanalyse setzt bei der Ereignissuche an, um Vorgänge im System zu identifizieren. Hierzu ist zu klären, wann es zu welchem Ereignis kommt, wer Ereignisse auslöst, wer darauf reagiert und welche Bedingungen für die Ereignisabläufe vorliegen müssen.[53]

Da vorerst der Schwerpunkt darauf liegt, die Vorgänge im System oder die Aktivitäten der Systemelemente zu erkennen, und es noch nicht darum geht, wie genau diese Prozesse auszugestalten sind, bieten die folgenden Schritte einer objektorientierten Vorgehensweise ein strukturiertes Verfahren, um die dynamischen Strukturen des Systems für das Modell zu erschließen. In objektorientierten Ansätzen bestimmt der Austausch von Botschaften das Systemverhalten. Jeder Botschaftenaustausch umfaßt zwei Objekte: den Initiator oder das aktive Objekt, das die Botschaft abschickt, und den Rezeptor, der die Botschaft empfängt. Anhand dieser Aktoren / Rezeptoren-Relation ist das gesamte Systemverhalten zu strukturieren. Dabei ist zu beachten, daß Objekt hier im weiten Sinne, wie in der Konvention von Smalltalk, aufzufassen ist, also auch Klassen wieder Objekte repräsentieren und nicht nur deren Instanzen.[54] Botschaften können deshalb auch zwischen Klassen sowie von Instan-

---

[53] Vgl. *Oestereich, B.*: Objektorientierte Softwareentwicklung, 1992, S. 49

[54] Vgl. S. 101

zen zu Klassen und vice versa gesendet werden. Das fordert wieder das Abstraktionsvermögen des Modellerstellers und setzt ein tiefer gehendes Systemverständnis voraus als es für eine 1:1-Abbildung der Realität notwendig wäre. Gewonnen wird so ein effizienteres Modell und vor allem die Reduktion von Komplexität, weil mehrere Einzelvorgänge in einer Botschaft an die entsprechende Klasse zusammengefaßt werden.

Weiterhin wird das Aktoren / Rezeptoren-Modell durch die Möglichkeit der Vererbung vereinfacht. Wenn nämlich mehrere verschiedene Rezeptoren auf eine Botschaft analog reagieren, sollte diese Botschaft einer gemeinsamen Oberklasse zugeordnet werden, die diese dynamische Eigenschaft an ihre Unterklassen und Instanzen vererbt. Das Verhalten eines Objektes wird also erst über die gesamte Vererbungskette vollständig beschrieben.

Die Botschaften, die entweder Aufforderungen zu einem bestimmten Verhalten oder Anfragen nach einer Dienstleistung des empfangenden Objektes beinhalten, sind mit einem geeigneten Botschaftsnamen zu belegen, der sich bei Bedarf wiederholen sollte. Namenswiederholungen oder auch ähnliche Namen weisen eventuell auf gleichartiges und somit generalisier- und ´vererbbares´ Verhalten hin. Sollte das nicht der Fall sein, erlauben die explizite Bindung einer Botschaft an ein Objekt und der Polymorphismus[55] trotzdem, immer die treffende verbale Beschreibung zu wählen. Dadurch ist das Modell einfacher zu lesen und zu verstehen.

Diese erste Identifikation der Aktivitäten über Botschaften zwischen aktiven und empfangenden Objekten wird sukzessive ergänzt. Dazu verläßt das adressierte Objekt den Zustand eines passiven Rezeptors, indem sein Verhalten nach dem Empfang der Botschaft präzisiert wird. Noch immer ist hier aber nicht an eine konkrete Implementierung der zur Botschaft gehörigen Methode gedacht. Statt dessen wird erst einmal die Antwort auf die Botschaft bestimmt. Retrograd von dieser Antwort aus sind sodann die Aktivitäten zu analysieren, die das Objekt anstoßen muß, um die Antwort zu erarbeiten. Von Bedeutung ist dabei vorläufig ausschließlich die Frage, ob sämtliche notwendigen Prozesse an dieses Objekt gebunden sind oder ob es die Dienste anderer Objekte in Anspruch nehmen muß. In diesem Fall ergeben sich neue Botschaften, die analog abzuarbeiten sind. Diese Vorgehensweise ergänzt systematisch das objektorientierte Modell mit den benötigten dynamischen Strukturen.

In einem letzten Arbeitsgang erhalten die Botschaften beim Rezeptor schließlich noch eine kurze Inhaltsbeschreibung. Diese bildet die Grundlage für die spätere Implementierung der zugehörigen Methode. Da der Name der

---

[55] Vgl. S. 107

Botschaft bereits kennzeichnend gewählt sein sollte und die Methode nur eine oder wenige Aufgaben umfassen darf, kann die Beschreibung tatsächlich kurz ausfallen. Sie enthält die ausgelösten Botschaften und ist mit der Dokumentation einer Anweisung innerhalb eines Programmtextes vergleichbar.

3. Darstellung der konzeptuellen Entwurfsergebnisse

Das konzeptuelle Modell des Informationssystems mit dem zugehörigen Umsystem kann nicht anhand einer homogenen Beschreibung dargestellt werden. Die verschiedenen Entwurfsschritte ergeben eigene Ergebnisse, die zwar zusammengehören oder aufeinander aufbauen, aber nicht unbedingt gleichartig darzustellen sind. Somit entsteht eine Kombination aus verbalen, graphischen und formalen Darstellungsformen.

Zu den größten Vorteilen eines objektorientierten Entwurfs zählt die Möglichkeit, das Modell durch ein objektorientiertes Programm direkt umzusetzen. Mit Hilfe des Programms kann das Verhalten des Modells simuliert und analysiert werden. Dabei ist das objektorientierte Programm aber nicht mit einer herkömmlichen Programmierung vergleichbar. Das objektorientierte Programm ist selbst die direkte Modellbeschreibung. Zumindest existieren objektorientierte Systeme, die das ermöglichen. Diese objektorientierten Systeme zeichnen sich durch eine extreme Syntaxarmut und typenlose Datenstrukturen aus.[56] Dadurch wird erreicht, daß es keine größere Mühe macht und keinen höheren Lernaufwand voraussetzt, den objektorientierten Entwurf in ein objektorientiertes Programm umzusetzten als den Entwurf in einer graphischen Notation abzubilden.

Wenn jedoch nur Teilaspekte des Modells analysiert werden sollen, ist der Prototyp oftmals nicht das geeignete Medium. Ein objektorientiertes Modell ist deshalb noch aus drei weiteren Perspektiven zu beschreiben:

(1) Beschreibung der Wechselbeziehungen: *das Strukturmodell,*

(2) Beschreibung der Klassen und Botschaften: *die Aufbaudokumentation,*

(3) Beschreibung der Bedingungen und Zustandsübergänge: *der Ereignisgraph*

ad (1) Strukturmodell:

> Mit Hilfe eines Strukturmodells soll es jedem an der Entwurfsphase Beteiligten möglich sein, sich einen

---

[56] Smalltalk ist hierfür ein hervorragendes Beispiel, da es nur wenige syntaktische Regeln vorschreibt.

III. Aktivitäten beim konzeptuellen objektorientierten Entwurf

ersten Überblick über Aufbau und Funktionsweise des objektorientierten Modells zu verschaffen.

Dazu eignen sich graphische Darstellungen besonders gut. Sie sind jedoch nur in einem begrenzten Umfang übersichtlich zu gestalten. Da dieser Umfang von einem Strukturmodell überschritten wird, muß es untergliedert werden. Das geschieht auf zwei verschiedene, aber kombinierbare Arten. Zum einen werden die unterschiedlichen Abstraktionsstufen ausgenutzt, um Partialmodelle mit abweichenden Detaillierungsgraden abzubilden, und zum anderen können die graphischen Darstellungen aufgabenbezogen abgegrenzt werden. So sind z.B. in einem Informationssystem der Betriebsbuchhaltung für die Aufgabenstellungen Kalkulation und innerbetriebliche Leistungsverrechnung getrennte Graphiken aufzustellen und diese anhand der Klassenschemata auf unterschiedlichen Abstraktionsstufen zu strukturieren.[57]

ad (2) Aufbaudokumentation:

Die Aufbaudokumentation ist eine formalisierte verbale Beschreibung der Klassen- und Methodendefinitionen. Sie umfaßt zwei Teile:

Der erste Teil listet sämtliche Klassennamen in einer Anordnung auf, die unmittelbar die Ober- und Unterklassenbeziehungen erkennbar macht.[58]

Im zweiten Teil wird jede Klasse einem Schema gemäß beschrieben. Das Schema beinhaltet: *1.)* Den Klassennamen, *2.)* Die Bezeichnung der direkten Oberklasse, *3.)* Die Attribute mit einer kurzen Beschreibung, *4.)* Die hinzugekommenen Botschaften, die von der Klasse empfangen werden, mit einer knappen Methodenbeschreibung und *5.)* Eine Liste der referenzierten Klassen.[59]

---

[57] Ein Beispiel ist das Strukturmodell des objektorientierten Verteilungsmodells in Kapitel D.III.1

[58] Vgl. die Klassenauflistung des objektorientierten Verteilungsmodells im Anhang.

[59] Vgl. das Beispiel im Anhang.

ad (3) Ereignisgraph:

Nicht alle Abläufe finden im System gleichzeitig statt oder können zu jedem Zeitpunkt ausgelöst werden. In einem Ereignisgraph sollen zum einen Konstellationen abgebildet werden, die ursächlich für Vorgänge sind, und zum anderen soll der Graph die Zustandsübergänge abbilden, die diese Vorgänge bewirken. Unter einer Konstellation wird dabei ein relevanter Systemzustand verstanden. Diese relevanten Zustände sind von dem Systementwickler zu bestimmen, weil die Vielzahl der kombinatorischen Möglichkeiten es nicht erlaubt, jeden Zustand einzeln zu berücksichtigen. Theoretisch kennzeichnet jede Wertänderung eines Attributes einen neuen Systemzustand.[60]

Der Ereignisgraph kann als deterministischer endlicher Automat aufgefaßt und dargestellt werden. Somit sind drei Beschreibungsformen möglich:

1. Die formale Beschreibung eines deterministischen endlichen Automaten,

2. Die graphische Darstellung eines deterministischen endlichen Automaten und

3. Die Definition einer regulären Sprache.[61]

Anschaulich ist allein die graphische Darstellung; hingegen eignet sich für Integritätsüberprüfungen eine der zwei anderen Alternativen wesentlich besser.

---

[60] Vgl. *Oestereich, B.*: Objektorientierte Softwareentwicklung, 1992, S. 55

[61] Zum Beweis der Äquivalenz von endlichen Automaten und regulären Sprachen vgl. *Lewis, H. R. / Papadimitriou, C.H.*: Elements of the Theory of Computation, 1981, S. 69 ff. und zur Definition eines endlichen Automaten und einer regulären Sprache vgl. ebenda, S. 51 und S. 35

D. Konzeptueller Entwurf der Daten- und Anwendungsallokation

I. Eigenschaften des Verteilungsmodells

Bei der Planung verteilter Systeme müssen die drei Dimensionen der Verteilung - Hardware, Software und Kontrolle - berücksichtigt werden. Idealerweise sollten alle drei Aspekte gleichzeitig geplant werden, da gegenseitige Abhängigkeiten bestehen. Das ist zum einen aber zu komplex, um es noch beherrschen zu können, und zum anderen sind bei verteilten Systemen die Rahmenbedingungen der Hardware zumeist schon vorgegeben, weil bestehende Informationssysteme integriert werden sollen. Somit geht die Planung der Hardware, in der Art und Kapazität der Rechner, der Peripherie sowie die Eigenschaften des Rechnernetzes festgelegt werden, den Entscheidungen über Kontrolle und Software voraus. Grundlegende Absprachen über die verteilte Kontrolle und die Softwarestruktur sind allerdings zu beachten; außerdem können Informationsrückkopplungen aus der Entwurfsphase noch Planmodifikationen bewirken. Der Entwurf der Software-Verteilung baut also auf einem Modell der verteilten Hardware auf. Weiterhin abstrahiert das Modell von der Kontrollstruktur und der speziellen Realisierung der verteilten Software. Es ist also unabhängig davon einzusetzen, ob die Verteilung der Software auf verteilten Datenbanken, auf verteilten Transaktionssystemen oder auf verteilter Programmierung basiert. Das Modell unterstützt den Systementwickler bei dem Entwurf einer geeigneten Allokation von Daten und Anwendungen.

Der erste Schritt besteht in Analogie zum Entwurf zentraler Informationssysteme darin, das konzeptuelle Schema der Daten zu erstellen und die grobe Modulstruktur zu entwerfen. Dabei beinhaltet das konzeptuelle Schema der Daten bereits ein Fragmentierungsschema.[1] Das ist keine Besonderheit verteilter Systeme, sondern muß für zentrale Datenbanken ebenfalls festgelegt werden. Dieses Fragmentierungsschema ist bei verteilten Informationssystemen allerdings mit Angaben zur Lokation der Datenpartitionen zu ergänzen, die bereits einen Teil des Entwurfs der Software-Allokation bilden. Sie werden ferner mit Informationen über die Anzahl und die Plazierung von

---

[1] Vgl. Abbildung B-6.

Datenkopien erweitert. Analog sind Entscheidungen über die Allokation der Anwendungen zu treffen. Dabei können diese auch in Form von Modulen im System mehrfach bereitgestellt werden.

Der Entwurf von Daten und Anwendungen in verteilten Systemen ist erst mit dem Entwurf ihrer Verteilung vollständig. Das Ergebnis dieses Entwurfs - das Verteilungsmodell - umfaßt Angaben zu sämtlichen Allokationen von Daten und Anwendungen, inklusive der Duplikate, sowie bei Bedarf Informationen über die Zugriffsberechtigungen.

Ein Verteilungsmodell ist sowohl für den Gesamtentwurf eines verteilten Systems zu erstellen als auch für die einzelnen Subsysteme, wenn auch diese verteilt konzipiert werden. Der Unterschied liegt dann im Detaillierungsgrad. Während es bei den Subsystemen darum geht, die Daten und Anwendungen auf bestimmte Rechnerknoten zu plazieren, interpretiert der Gesamtentwurf die Knoten im Modell als Subsysteme, denen Funktions- und Datenblöcke zuzuordnen sind. Die Kommunikations-Vorgänge repräsentieren entweder Datenübertragungen zwischen einzelnen Rechnern oder betriebswirtschaftliche Interdependenzen zwischen verschiedenen Subsystemen. Die Bezeichnung *Knoten* wird im folgenden neutral verwendet. Mit Knoten des Modells sind somit vom Kontext abhängig entweder Rechner, Maschinen, Speicher, Abteilungen oder betriebliche Sektoren gekennzeichnet.

Der vorgeschlagene objektorientierte Modellansatz ist auf jeder Entwurfsstufe einsetzbar, da die zugrundeliegende Idee unabhängig von der Detaillierung erhalten bleibt. Vorrangig verändern sich die Interpretation der Systemelemente und einige wenige Modellparameter, die Details des Systemverhaltens modellieren.

1. Entscheidungsparameter für die Softwareverteilung

Verteilte Software besteht aus verteilten Daten und Anwendungen. Eine verteilte Anwendung ist ein Programm, das sich aus mehreren kooperierenden Modulen zusammensetzt, die auf unterschiedlichen Rechnerknoten im Netz ablaufen. Die Module kooperieren dabei über beliebige Kommunikationsdienste.[2] Die Aufgabe des Entwurfs besteht darin, das verteilte Programm auf ein verteiltes System abzubilden, indem die Module bestimmten Rechnerknoten zugeordnet werden. Wird die Definitionsmenge dieser Abbildung um Modulkopien und Datenpartitionen ergänzt, beschreibt die Abbildung das Ergebnis des Verteilungsmodells. Der Prozeß, in dem die Abbildung definiert wird, ist insofern erschwert, als der Definitionsbereich a priori nicht

---

[2] Vgl. *Zimmermann, M.*: Configuration Support for Distributed Applications, 1991, S. 113

feststeht, weil über die Duplikate erst während des Entwurfs zu entscheiden ist.

Die Aufbau- und Ablauforganisation des Unternehmens sowie die Hardware-Architektur des Informationssystems bestimmen die Verteilung der Software.[3] Letztendlich drückt der Adaptionsgrad des Informationssystems an die betrieblichen Strukturen und Prozesse die Güte des Informationssystems aus. Dabei muß sich diese Güte in direkt bemerkbarem Nutzen manifestieren, vorzugsweise in monetär meßbaren Vorteilen.[4]

Direkt monetär sind nur die Kommunikations-, Speicher- und Verarbeitungskosten zu bewerten, aber selbst diese Größen sind nicht eindeutig festgelegt. Ursächlich dafür ist primär die Tatsache, daß die Kostenrechnung im Bereich der Informationsverarbeitung bislang völlig vernachlässigt ist, insbesondere die Kalkulation.

Analog dem klassischen Dilemma in der Produktionsplanung existiert in verteilten Informationssystemen der Konflikt zwischen dem Bemühen um hohe Auslastungsgrade der Prozessoren und um kurze Verarbeitungszeiten, die in direktem Zusammenhang zu den Antwortzeiten stehen. Dabei ist pauschal nicht zu sagen, mit welchen Opportunitätskosten überhöhte Antwortzeiten zu bewerten sind. Außerdem muß bezweifelt werden, ob sich der Aufwand rechtfertigen läßt, der notwendig wäre, um die Kosten realitätsnah zu erfassen. Subjektive Bewertungen sind aber trotzdem nicht zu vermeiden; es ist z.B. zu schätzen, ab wann eine Antwortzeit als zu lang einzustufen ist. Lediglich in Echtzeitsystemen ist dieser Wert bestimmt, weil hier die Brauchbarkeit einer Information explizit sowohl von ihrem Inhalt als auch von zeitlichen Bedingungen abhängt. In Echtzeitsystemen haben verspätete Informationen ähnlich negative Folgen wie falsche Informationen.[5]

Ähnlich problematisch sind für verteilte Systeme als Entwurfsziele erhöhte Sicherheit und Verfügbarkeit zu bewerten. Beide hängen in hohem Maße von der Software-Verteilung ab. Einerseits ist die Fehlerreichweite durch eine geschickte Arbeitsverteilung zu reduzieren, und andererseits ist es möglich, die generelle Funktionsfähigkeit des Systems bei Fehlverhalten von Soft- oder Hardware-Komponenten bis zu einem gewünschten Sicherheitsgrad kostengünstig zu gewährleisten, indem Daten redundant vorgehalten werden. Bei all diesen Überlegungen darf jedoch die Komplexität eines Informationssystems

---

[3] Vgl. *Devlin, B.A. / Murphy, P.T.*: An architecture for a business and information system, 1988, S. 62

[4] Vgl. *Scherr, A.L.*: Distributed data processing, 1978, S. 326

[5] Vgl. *Pflügl, M. / Damm, A.*: Kommunikationsmechanismen verteilter Systeme und ihre Echzeitfähigkeit, 1989, S. 121

nicht unberücksichtigt bleiben. Dieser sind zum einen aus Wartungsgründen Grenzen gesetzt. Zum anderen wirken die Anforderungen an den Datenschutz restriktiv. Die zulässige Komplexität des Systems ist schließlich durch das verfügbare *Know-how* und die Arbeitskapazität der EDV-Abteilung des Unternehmens bestimmt.

Die Freiheit bei der Software-Verteilung wird allerdings andererseits aber auch eingeschränkt, wodurch sich die Verteilungsaufgabe vereinfacht. Das folgt primär aus der qualitativen Rechnerkapazität, also den verschiedenartigen Funktionen, die ein Rechner erfüllen kann.[6] Einige Hardware-Komponenten im Netz legen aufgrund ihrer Spezialisierung die ihnen zugeordneten Module im vorhinein fest. Damit ist die Datenzuweisung allerdings noch offen. Hingegen sind bei gewollter Autonomie eines Rechners oder eines Rechnernetzes sowohl die Funktionen als auch die Daten durch die betriebswirtschaftlichen Notwendigkeiten vorgegeben. So soll beispielsweise ein Leitstand in der Fertigung auch ohne Kommunikation mit dem übergeordneten Rechner für eine definierte Mindest-Zeitspanne die Produktion autark steuern können. Ähnliche Erwägungen bestimmen Entwurfsentscheidungen, die Organisationsstrukturen betreffen. Es ist z.B. denkbar, aus organisatorischen Gründen Daten auf Abteilungsrechnern zu plazieren, damit dort die Datenpflege in eigener Verantwortung erfolgen kann. In den meisten Fällen werden diese Daten dann nachts mit sonstigen verwandten Unternehmensdaten abgeglichen.

Bei allen Zuteilungen ist die Rechner- und Speicherkapazität eine Restriktion für die Software-Allokation. Dabei wirkt die Speicherkapazität bereits im statischen Modell restriktiv, während Engpässe aufgrund begrenzter Verarbeitungskapazitäten erst sichtbar werden, wenn das Systemverhalten programmiert wird.

Weil **erstens** durch die Entscheidungen zur Software-Allokation mehrere Entwurfsziele gleichzeitig betroffen sind, **zweitens** die Zielerreichung problematisch zu bewerten ist und **drittens** das System nur zu beurteilen ist, wenn die stochastischen Einflüsse einbezogen sind, ist ein Simulationsmodell notwendig, um die Ergebnisse einer gewählten Verteilung analysieren zu können. Ein Simulationsmodell allein reicht jedoch zur Ergebnisbewertung nicht aus. Gesucht ist vielmehr ein Instrument, das die mehrfache Zielerreichung auf eine oder wenige Größen ohne Informationsverlust reduziert und so überschaubar macht.

---

[6] Zur Definition der qualitativen Kapazität vgl. *Gutenberg, E.*: Grundlagen der Betriebswirtschaftslehre, 1. Bd., Die Produktion, 1979, S.77 ff.

2. Signifikante Systemelemente

Das formale System, das von einem Verteilungsmodell beschrieben wird, umfaßt in seinem Kern nur wenige relevante Elemente. Die Betrachtungen können sich auf die Knoten in dem verteilten System sowie auf die zu verteilenden Datenpartitionen und Anwendungsblöcke konzentrieren.

Die Knoten im verteilten System erhalten unabhängig von der Entwurfsstufe und vom Abstraktionsgrad Daten und Anwendungen zugewiesen. Sie bilden hierbei das restriktive Element aufgrund ihrer begrenzten Kapazität. Die Software-Verteilung definiert eine Abbildung auf gegebene Knoten. Da es im Modell jedoch möglich ist, mit zusätzlichen Knoten zu experimentieren, kann es sich in dieser Entwurfsphase herausstellen, daß das Systemverhalten durch die Hinzunahme eines weiteren Rechners entscheidend verbessert wird.

Die zu verteilenden Anwendungsblöcke sind gleichfalls von der Entwurfsstufe abhängig zu interpretieren. Im Gesamtentwurf werden den Subsystemen ihre generellen Aufgabeninhalte zugeteilt,[7] im Entwurf der Subsysteme sind die Module der verteilten Anwendungen zu plazieren. In beiden Fällen sind insbesondere die Kommunikationsbeziehungen zu den auf entfernten Knoten allokierten Anwendungen und Daten von entscheidender Bedeutung. Die Anwendungsblöcke sind mit den aus dem SNA-Konzept[8] bekannten *Network Adressable Units* (NAU) vergleichbar. Eine *Network Adressable Unit* beinhaltet eine Menge von Funktionen, die über sogenannte *ports* für ihre Kommunikationspartner zugänglich sind. Im SNA-Konzept bilden diese *Network Adressable Units* die zentralen Netzwerkelemente zum Netzwerkmanagement und zur Kommunikation. Sie sind hierzu detailliert und differenziert definiert.[9] Dem Verteilungsmodell liegt deshalb lediglich die grundlegende Idee der *Logical Unit* (LU), einer speziellen *Network Adressable Unit*, zugrunde. Die *Logical Unit* umfaßt nämlich den Zugang für den Anwender und stellt die Kommunikation zu anderen *Logical Units* bereit. Ein Rechnerknoten kann mehrere *Logical Units* umfassen.

Der Ansatz zur Kapselung von Funktionen, die dann als Objekte verstanden werden können, mit definierten Zugangs-Schnittstellen und adressierbaren Einheiten, zwischen denen kommuniziert und kooperiert wird, ist in einem objektorientierten Modell direkt umsetzbar. Die Bedeutung, die der Kommunikation im Verteilungsmodell zukommt, rechtfertigt es, die *ports* der *Net-*

---

[7] Vgl. Abbildung B-2.

[8] System Network Architecture ist ein IBM-eigener Netzwerkstandard. Vgl. auch S. 29

[9] Zum Konzept der NAU vgl. Cypser, R.J.: Communications Architecture for Distributed Systems, 1978, S. 153 ff.

work *Adressable Units* als eigenständige Dienstzugangsobjekte[10] aufzufassen und als getrennte Objekte zu modellieren. Dadurch ist es auch möglich, die zwei verschiedenen Kommunikationstypen - synchrone und asynchrone Kommunikation - gemeinsam über ein Objekt zu verwalten. Die Schnittstellen werden in Form von zwei *ports* spezifiziert, die Nachrichteneingänge an dem sogenannten *Entry-port* und Nachrichtenausgänge an dem *Exit-port* repräsentieren.[11] Über diese *ports* kann sowohl die synchrone als auch die asynchrone Kommunikation verwaltet werden. Bei der synchronen Kommunikation ist der Ablauf der kooperierenden Anwendungen aufeinander abgestimmt. Das gilt insbesondere für die Kooperation zwischen *Clients* und *Servern*[12]. Die asynchrone Kommunikation hingegen koordiniert Sender und Empfänger nicht. Sie muß mit Hilfe von Nachrichten-Warteschlangen an den *ports* modelliert werden.

Die unterschiedlichen Kommunkationsprotokolle, die prinzipiell in PAR-Protokolle (*Positiv Acknowledgement Retransmit*) oder andere vielschichtige Protokolle und Datagramm-Dienste eingeteilt werden,[13] sind im Modell nur über die benötigte Kommunikationszeit zu differenzieren.

Die Datenpartitionen treten im Modell auch als Objekte auf, die auf den Knoten im verteilten System plaziert sind. Der Unterschied zu den *Network Adressable Units* besteht in ihrer Passivität. Datenobjekte initiieren keine Kommunikation, auf sie wird lesend und schreibend zugegriffen und sie bilden neben den Nachrichten oder Botschaften die Informationen, die über das Kommunikationsnetz gesendet werden. Die Entwurfsstufen mit ihren verschiedenen Abstraktionsniveaus unterscheiden sich bei der Datenmodellierung im Verteilungsmodell lediglich in der angesetzten Datengranularität.

3. Erläuterung der variablen Modellgrößen

Da das Modell von vielen Details abstrahiert, wechseln im speziellen Anwendungsfall nur die für die Software-Verteilung relevanten Netzeigenschaften und das Verkehrsmuster im System. Die Mehrheit dieser Eigenschaften betreffen in der Modellierung lediglich wenige Parameter. Unterschiedliche Modellstrukturen bewirken die Topologie des Netzes und die Zugangsver-

---

[10] Vgl. *Rothermel, K.*: Kommunikationskonzepte für verteilte transaktionsorientierte Systeme, 1987, S. 28

[11] Vgl. *Schill, A.*: Strukturelle Verwaltung verteilter Programme, 1992, S. 98 f.

[12] Vgl. zum Client/Server-Prinzip Kapitel B.II.3 und Kapitel B.III.3

[13] Vgl. *Pflügl, M. / Damm, A.*: Kommunikationsmechanismen verteilter Systeme und ihre Echtzeitfähigkeit, 1989, S. 122

fahren zum Übertragungsmedium. Der Zugang zum Kommunikationsmedium, durch Sendeberechtigungen oder Kollisionskontrolle modelliert, muß aber nicht unbedingt detailliert simuliert werden, sondern läßt sich auch durch statistische Werte approximieren. Diese Vorgehensweise ist bei der Entwicklung des Gesamtmodells unerläßlich und in der Entwurfsphase der Subsysteme meistens auch ausreichend.

Die Topologie des Netzes beeinflußt im Modell die möglichen Kommunikationswege. Dabei liegt das größte Interesse auf den Netzübergängen - also bei den *Bridges* und *Gateways*[14] - weil insbesondere diese potentielle Kommunikationsengpässe im verteilten System sein können. Die Wegewahl wird deshalb von einem gesonderten Objekt im Modell, das in Anlehnung an die Terminologie im Fachbereich der Rechnernetze *Router* heißt, verwaltet.

Zu den variablen Modelleigenschaften, die einfach zu parametrisieren sind, zählen die Fehlerrate, die Lasterzeugung und die Kapazität des Übertragungsmediums, wobei zumeist mehrere verschiedene Kapazitäten in den unterschiedlichen Netzen oder Subsystemen zu beachten sind.

Die auftretenden Fehler sind entweder Hardware-Fehler an den Rechnern oder in den Übertragungsleitungen, jedoch häufiger Kommunikationsfehler. Diese haben unterschiedliche Ursachen: Erstens können Nachrichten verloren gehen, zweitens ist es möglich, daß Nachrichten ungewollt dupliziert werden, und drittens kann die Reihenfolge, in der die Datenpakete einer zusammengehörigen Nachricht gesendet werden, nicht mit der empfangenen Reihenfolge übereinstimmen.[15] Die Fehlerhäufigkeit hängt von den Hardware- und Protokolleigenschaften im System ab. Es genügt, die Fehlerarten aggregiert in einer Verteilungsfunktion in das Systemverhalten einzubinden.

Die Lasterzeugung erfolgt über die Anwendungsblöcke, die jeweils Aufrufhäufigkeiten zugewiesen bekommen. Diese Häufigkeiten, die Allokation der Module zur verteilten Anwendung und die benötigten Daten erzeugen gemeinsam das Verkehrsmuster im Netzwerk. Die Art der Lasterzeugung erfolgt entweder deterministisch oder zufallsgesteuert. Repetitive Anwendungen, wie beispielsweise reguläre Planungsläufe, monatliche Buchungen oder die meisten Stapelverarbeitungen, sind zu festen Zeitpunkten einplanbar. Dem größten Teil der von den Endanwendern induzierten Anwendungsaufrufen fehlt hingegen diese Konstanz. Das gilt insbesondere für Datenbankanfragen. Hierzu ist der Bedarf jedes einzelnen Systemnutzers genau zu analysieren, da

---

[14] Vgl. S. 30 f.

[15] Vgl. *Rothermel, K.*: Kommunikatonskonzepte für verteilte transaktionsorientierte Systeme, 1987, S. 13

die Allokation von Datenpartitionen auf Knoten vor allem durch die Aufgabeninhalte der Systemnutzer definiert ist.[16]

II. Aufbau und Funktionsweise des Modells

Der konzeptuelle Entwurf der Daten- und Anwendungsallokation ist prinzipiell ein Mehrziel-Optimierungsproblem, das mit Hilfe der Simulation näherungsweise zu lösen ist. Um die konzeptuellen Entwürfe anhand der Simulationsergebnisse überhaupt vergleichen zu können, wird ein Bewertungsverfahren benötigt. Der Modellansatz impliziert erstens eine solche Bewertung, und zweitens soll das Modell ein Instrument zur Verfügung stellen, das die Abläufe im System vereinfacht darstellt und so transparent und verständlich macht. Erst dann kann der Systementwickler das Erreichen solcher Entwurfsziele wie Verfügbarkeit, beherrschbare Komplexität oder Adaption des Informationssystems an die Organisationsstruktur überschauen und beeinflussen.

Die zentrale Idee des in dem Modell umgesetzten Verfahrens besteht in der Definition der kooperativen Autonomie der Knoten im System. Der Begriff der kooperativen Autonomie basiert auf der Tatsache, daß eine bestimmte Software-Verteilung den Knoten ermöglicht, einen großen Teil der ihnen zugewiesenen Aufgaben autonom zu erfüllen, während die restlichen Aufgaben nur mit Hilfe von Daten und Prozessen anderer Knoten zu bewältigen sind. Somit ist jeder Systemknoten bis zu einem gewissen Grad autonom, von einigen Knoten abhängig und wiederum für manche anderen Teilnehmer ein notwendiger Arbeitspartner.[17] Die kooperative Autonomie ist dabei direkt durch die gewählte Daten- und Anwendungsverteilung bedingt.

1. Beschreibung des zentralen Modellansatzes

Ex definitione übernehmen in einem verteilten System viele kooperierende und interdependente verteilte Anwendungen die Informationsverarbeitung. Mit kooperativer Autonomie können neben den Systemknoten auch diese einzelnen Anwendungen oder Module charakterisiert werden. Die Charakterisierung erfolgt dabei über die zwei zentralen Elemente der kooperativen Autonomie: einerseits die Selbständigkeit eines Knoten oder Moduls, und andererseits die Abhängigkeit von den Kooperationspartnern.

---

[16] Vgl. *Devlin, B.A. / Murphy, P.T.* : An architecture for a business and information system, 1988, S. 63

[17] Vgl. *Baker, C.T.*: Logical distribution of applications and data, 1980, S. 172

Gerade die wechselseitigen Abhängigkeiten sind für den gewählten Ansatz extrem relevant. Sie sind meß- und somit bewertbar, und sie beeinflussen direkt die Übertragungskosten, die Antwortzeiten, die Systemsicherheit, die Verfügbarkeit und die Autonomie. Weiterhin bestimmen sie die herrschende Komplexität, und sie repräsentieren die Verkehrsmuster im verteilten Informationssystem. Damit wird die Gestaltung der wechselseitigen Abhängigkeiten zum geeigneten Instrument, die genannten Entwurfsziele zu verdichten und auf eine Art abzubilden, die es erlaubt, Prioritäten für Software-Verteilungen aufzustellen. Um diese Anforderungen erfüllen zu können, sind die Abhängigkeiten auf geeignete Weise zu definieren.[18]

Abhängigkeiten zwischen Knoten werden indirekt über die Abhängigkeiten ihrer Anwendungen definiert, denn diese induzieren die Kooperation mit anderen Knoten und sind damit ursächlich für die Aufgabe eigenständiger Informationsverarbeitung. Ein Kommunikationsvorgang zwischen unterschiedlichen Knoten soll der Einfachheit halber im folgenden mit *Transaktion* bezeichnet werden, unabhängig davon, ob sie eine Transaktion im konventionellen Sinne, den Fernaufruf einer Prozedur oder einen Nachrichtenaustausch kennzeichnet.

Eine Transaktion ist über fünf Werte definiert:[19]

(1) Die Richtung der Transaktion,

(2) Die aktive Komponente der Transaktion,

(3) Die passive Komponente der Transaktion,

(4) Die Daten-Abhängigkeit der Transaktion und

(5) Das Zeitfenster, in dem die Transaktion abläuft.

Die Richtung der Transaktion bezeichnet den entfernten Knoten, an den die Transaktion adressiert ist. Der zweite Wert, die sogenannte aktive Komponente, mißt die Aufrufhäufigkeit der Transaktion in einer festgelegten Zeitspanne, beispielsweise während eines Tages. Diese kann auch variieren und ist in diesem Fall über eine statistische Verteilungsfunktion zu modellieren.

Weiterhin muß eine Transaktion über zwei Datenblöcke, gemessen in Bits oder Bytes, beschrieben werden. Der Wert der ersten Datenmenge wird in der passiven Komponenten verzeichnet. Er gibt die Menge von Daten an, die

---

[18] Die ursprüngliche Definition der Abhängigkeiten zwischen Knoten in einem verteilten System stammt von *Baker, C.T.*: Logical distribution of applications and data, 1980, S. 173 ff. Das hier vorgestellte Modell ist eine Erweiterung und Modifikation dieses Ansatzes.

[19] Vgl. *Lind, C.*: Object-oriented Simulation of Data-Communication Processes in Distributed Systems, 1992, S. 400 f.

beim Ablauf der Transaktion über das Kommunikationsnetz gesendet werden. Das können nur wenige Bytes sein, z.B. bei einem Signal, oder große Datenmengen, etwa wenn ganze Dateien oder Relationen übertragen werden.

Die zweite Datenmenge ist in der Daten-Abhängigkeit der Transaktion fixiert. Sie drückt die Menge der Daten aus, die von der Transaktion bei dem entfernten Knoten blockiert wird. So ist es beispielsweise möglich, daß ein Fernaufruf nur eine geringe passive Komponente besitzt, weil sowohl der Aufruf als auch das Ergebnis lediglich wenige Bytes umfassen; dafür müssen aber während des Ablaufs der aufgerufenen Prozedur auf dem entfernten Knoten große Datenmengen gesperrt werden. Der Knoten, der die Transaktion absendet, ist somit von seinem Kooperationspartner und - vor allem - von den auf diesem plazierten Daten erheblich abhängig. Die gravierenden Unterschiede zwischen Transaktionen machen beide Beschreibungswerte notwendig.

Das fünfte Attribut einer Transaktion, das Zeitfenster, registriert den Zeitpunkt, an dem die Transaktion startet. Der Informationsgehalt dieses Attributes erleichtert die Strukturierung und die Analyse der Ergebnisse, weil das Ausmaß des Datenverkehrs im Kommunikationsnetz eines Unternehmens von der Tageszeit abhängt. Erfahrungen zeigen, daß am frühen Vormittag das Datenverkehrsaufkommen im Netzwerk gering ist. Die Kommunikation nimmt stetig und verstärkt während des fortschreitenden Vormittags zu und erreicht etwa zur Mittagszeit ihren Höhepunkt. Am Nachmittag fällt das Aufkommen des Datenverkehrs mit einem ähnlichen, allerdings spiegelsymmetrischen Verlauf wie er vormittags zu beobachten ist. Schließlich beanspruchen nachts die Kommunikationsvorgänge der Stapelverarbeitungen, Planungsläufe, Datenabgleiche und ähnliches das Kommunikationsnetz. Daraus folgt, daß vier Zeitfenster unterschieden werden sollten:

(a) Der frühe Vormittag,

(b) Der späte Vormittag und der frühe Nachmittag,

(c) Der späte Nachmittag sowie

(d) Die Nachtstunden.

Ist das Kommunikationsnetz stark belastet oder sogar überlastet, entstehen vermehrt Kommunikationsfehler, die sich wiederum in mehrfachen Wiederholungen der Sendevorgänge ausdrücken. Als Folge daraus steigt der Wert der aktiven Komponenten, der vom Verkehrsaufkommen im Kommunikationsnetz abhängt, stark an. Die aktive Komponente ist deshalb mit Hilfe des Zeitfensters genauer zu analysieren und zu interpretieren.

II. Aufbau und Funktionsweise des Modells 139

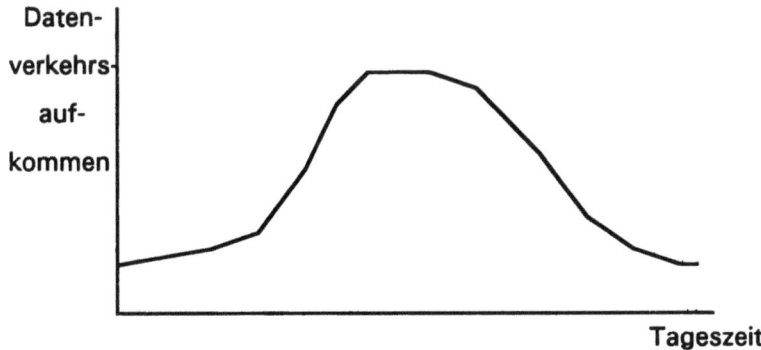

Abbildung D-1.: Verkehrsaufkommen im Kommunikationsnetzwerk

Es ist nicht notwendig und äußerst ineffizient, jede Transaktion einzeln anhand ihrer Werte zu analysieren. Dieser Prozeß läßt sich vereinfachen, wenn ein Klassifizierungsschema für die Transaktionen definiert wird. Die Klassen des Schemas sind über bestimmte Schwellenwerte der Transaktionsattribute festgelegt. Mit Hilfe des Klassifizierungsschemas kann das Ergebnis einer gewählten Software-Verteilung wesentlich kompakter und übersichtlicher dargestellt werden als es der Fall wäre, wenn jede Transaktion individuell aufgelistet würde.

Es ist nicht sinnvoll, allgemeingültige Größen für die Schwellenwerte anzugeben, da sie besser fallspezifisch zu definieren sind, um ein ausgewogenes, aussagekräftiges Klassifizierungsschema zu erhalten. Die folgende Klassifikation kann deshalb nur ein Beispiel sein:

(1) Aktive Komponente ≥ 500 Tr / Tag[20]

Passive Komponente < 10 kBytes

Daten-Abhängigkeit < 10 kBytes

(2) Aktive Komponente ≥ 500 Tr / Tag

Passive Komponente < 10 kBytes

Daten-Abhängigkeit ≥ 10 kBytes

---

[20]Transaktionen pro Tag

(3) Aktive Komponente ≥ 500 Tr / Tag
Passive Komponente ≥ 10 kBytes
Daten-Abhängigkeit < 10 kBytes

(4) Aktive Komponente ≥ 500 Tr / Tag
Passive Komponente ≥ 10 kBytes
Daten-Abhängigkeit ≥ 10 kBytes

(5) Aktive Komponente < 500 Tr / Tag
Passive Komponente < 10 kBytes
Daten-Abhängigkeit < 10 kBytes

(6) Aktive Komponente < 500 Tr / Tag
Passive Komponente < 10 kBytes
Daten-Abhängigkeit ≥ 10 kBytes

(7) Aktive Komponente < 500 Tr / Tag
Passive Komponente ≥ 10 kBytes
Daten-Abhängigkeit < 10 kBytes

(8) Aktive Komponente < 500 Tr / Tag
Passive Komponente ≥ 10 kBytes
Daten-Abhängigkeit ≥ 10 kBytes

Sind die Transaktionen einmal klassifiziert und den Knoten zugeordnet, die sie initiieren, kann die Abhängigkeit einzelner Knoten berechnet werden. Dazu werden die Informationen erneut verdichtet, weil einem Knoten Transaktionen unterschiedlicher Klassen angehören können. Für sämtliche Knoten ist für jede Klasse die Summe über die aktiven Komponenten, getrennt nach den Richtungen der Transaktionen und nach den Zeitfenstern, zu bilden. Diese Auswertung ist durch einen Abhängigkeitsgraphen für jedes Zeitfenster gut zu visualisieren. Die Knoten des Systems - also die einzelnen Rechner oder die Subsysteme - bilden auch die Knoten des Abhängigkeitsgraphen, und die gerichteten Kanten zwischen den Knoten kennzeichnen die Richtung der Abhängigkeit. Zusätzlich sind die Kanten mit einem Tupel beschriftet, das die Summen der aktiven Komponenten für die einzelnen Klassen angibt.

II. Aufbau und Funktionsweise des Modells

Zeitfenster 1:

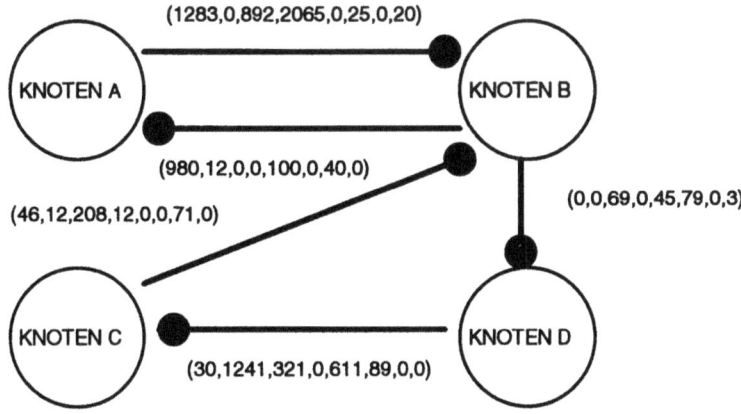

Abbildung D-2.: Beispiel eines Abhängigkeitsgraphen

2. Zuordnung von Software zu Knoten

Das objektorientierte Modell der Software-Verteilung ist ein erster Entwurf des verteilten Informationssystems, in dem jede der drei Verteilungsdimensionen berücksichtigt ist. Um eine geeignete Verteilung von Programmen und Daten in dieser Entwicklungsphase vornehmen zu können, muß unbedingt der Bezug zum Umsystem und zum Anwender gewahrt bleiben. Das erschwert - neben der Komplexität und der kritischen Bewertung - zusätzlich eine automatische Optimierung. Das Verteilungsmodell kann aber auf bereits erstellte Entwurfsergebnisse, z.B. das Daten- und das Funktionenmodell, aufbauen[21]. Diese Modelle werden zum einen unmittelbar für den Entwurf der Verteilung benötigt, und zum anderen können mittelbar die bereits gesammelten und abgebildeten Informationen des Umsystems für die Verteilung der Software wiederverwendet werden. Ferner soll in der Phase, in der die konzeptionellen Entwürfe entstehen, die Zusammenarbeit mit den Anwendern nicht nur genutzt, sondern auch forciert werden. Die Daten und die Abhängigkeiten werden deshalb nicht allein abstrakt modelliert. Es ist möglich, sie zu interpretieren und dieses Wissen in den Entwurf für die Verteilung miteinfließen zu lassen.

---

[21] Vgl. Kapitel B.I.3

Aufbauend auf den Informationen, die über die Prozesse, die Aufgabenkomplexe und die Organisationsstruktur im Umsystem des Informationssystems vorhanden sind, entsteht der erste Vorschlag für eine Verteilung der Funktionen, die das Funktionenmodell beinhaltet. Dazu sind die Funktionen zu gruppieren und den entsprechenden Knoten zuzuweisen. Diese Funktionengruppen sind die Basis für das gesuchte Verteilungsmodell, das iterativ zu entwickeln ist.

Es hat viele Vorteile, in dem Modell zwischen den Daten zu unterscheiden, auf die Module oder Anwendungen entweder nur lesend oder lesend und auch schreibend zugreifen. Die ausschließlich lesenden Zugriffe sind wesentlich einfacher zu handhaben, für sie können problemlos Kopien bereitgestellt werden, und damit verringern sich unmittelbar die definierten Abhängigkeiten. Daraus folgt die Regel, nach der die erste Datenzuteilung vorzunehmen ist:

> Die Grundlage für die Datenverteilung bilden die Knoten mit den Anwendungsgruppen. Jeder Knoten erhält nun zusätzlich die Datenpartitionen zugewiesen, auf die die Anwendungen des jeweiligen Knotens am häufigsten schreibend zugreifen. Dadurch werden die entfernten schreibenden Zugriffe auf Daten in der Initialverteilung minimiert. Ferner sind diejenigen Daten zu plazieren, die sich aus solchen Nebenbedingungen wie *Abteilungsindividualismus*, gewollte Autonomie bestimmter betrieblicher Sektoren, aus Restriktionen in zeitkritischen Netzen oder aus der Spezialisierung von Knoten ergeben.

Die Initialverteilung ergibt die Eingabe für die nun folgende Simulation. Anhand des Systemverhaltens im Modell werden über die Transaktionen die Abhängigkeiten zwischen den Knoten generiert, gemessen, berechnet und dargestellt. Als Ergebnis erhält der Systementwickler alle Informationen über den Abhängigkeitsgraphen. Ist allerdings eine detaillierte Analyse von Kommunikationsvorgängen zwischen einzelnen Knoten notwendig, sind auch diese Angaben nach der Simulation abzurufen. Die ersten Entscheidungen gründen aber auf der Bewertung der Abhängigkeiten zwischen den Knoten, also auf einer Analyse des Abhängigkeitsgraphen.

Offensichtlich sind immer dann Maßnahmen zu treffen, wenn die vierte Komponente des Tupels, das die Abhängigkeit beschreibt, größer als Null ist. In diesem Fall existieren Transaktionen zwischen den Knoten, die sehr häufig stattfinden, das Kommunikationsnetz mit großen Datenmengen pro Transaktion belasten und auf dem entfernten Knoten umfangreiche Datenpartitionen blockieren. Diese Transaktionen müssen durch Verschieben oder Kopieren von Datenpartitionen und/oder Anwendungen vermieden werden. Damit liegt

II. Aufbau und Funktionsweise des Modells

ein operationalisierbares Entwurfsziel im Modell fest: Sämtliche Transaktionen, die zu der vierten Kategorie gehören, sind zu eliminieren.

Ähnliche Überlegungen gelten für die Klassen *(2)* und *(3)*. In diesen beiden Klassen ist zwar neben der Aufrufhäufigkeit der Transaktion nur eine der bewerteten Datenmengen groß, doch kennzeichnet das bereits eine intensive Abhängigkeit zwischen den Knoten, die nur in Ausnahmefällen zu rechtfertigen ist. Dies spiegelt beispielsweise auch die Anzahl der erforderlichen Instruktionen wider, die Prozessoren bei einem lokalen und bei einem entfernten Plattenzugriff ausführen. In dem Beispiel aus Abbildung 11.3 bedeutet das für den entfernten Plattenzugriff im Vergleich zu dem lokalen Zugriff allein für die auszuführenden Befehle einen um 125 % größeren Aufwand.

Die Klasse *(8)*, in der beide Datenmengen die gesetzten Schwellenwerte überschreiten, die Transaktionen aber nicht häufig stattfinden, muß detailliert analysiert werden, um über Verteilungsmodifikationen zu entscheiden. Wenn die aktive Komponente von dem gewählten Schwellenwert weit entfernt ist, die Transaktion also tatsächlich nur selten abläuft, kann die Abhängigkeit tolerierbar sein.

1. Lokal ausgeführte Anwendung:		2. Entfernt ausgeführte Anwendung:	
		A. Lokaler Aufwand:	
Prozeß	*ausgeführte Instruktionen*	*Prozeß*	*ausgeführte Instruktionen*
Botschaftsannahme	5000	Botschaftsannahme	5000
10 Plattenzugriffe	50000	10 Anfragen nach Daten	50000
Datenübergabe	5000	10 Kommunikationsannahmen	50000
Anwendung u. Verwaltung	100000	Datenübergabe	5000
Summe	160000	Anwendung u. Verwaltung	100000
		Summe	210000
		B. Entfernter Aufwand:	
		Prozeß	*ausgeführte Instruktionen*
		10 Kommunikationsannahmen	50000
		10 Plattenzugriffe	50000
		10 Datenübermittlungen	50000
		Summe	150000

Abbildung D-3.: Erforderliche Instruktionen einer lokalen und einer entfernten Beipielanwendung im Vergleich[22]

---

[22] Vgl. *Scherr, A.L.*: Structures for networks of systems, 1987, S. 8

Ein effizienter Weg zur Reduktion von Abhängigkeiten besteht darin, reine Lesekopien vor Ort bereitzustellen und diese periodisch zu aktualisieren. Das ist immer dann gut zu machen, wenn die lokalen Anwendungen auf die Daten ausschließlich lesend zugreifen und nicht jede Datenwertänderung sofort registriert werden muß. Für viele Auswertungen und Informationen reichen die Daten des Vortages aus, insbesondere dann, wenn die Daten nur selten mit aktuellen Werten überschrieben werden. Bei allen Datenzuweisungen sind allerdings immer die Kapazitäten der Sekundärspeicher zu beachten.

So wie das Modell ausgelegt ist, können die Abhängigkeiten nur dann sinnvoll reduziert werden, wenn die Daten und Anwendungen nicht interpretationsfrei gehandhabt werden. Das darf in dieser Entwurfsphase des Informationssystems aber auch noch nicht das Ziel sein. Für den Systementwickler müssen die Inhalte und Funktionen des Informationssystems noch im Vordergrund des Entwurfs stehen, u.a. auch, um mit dem Endanwender eng zusammenarbeiten zu können.

Neben den Abhängigkeiten produziert das Simulationsmodell Informationen zu Antwort- und Wartezeiten, zur Belastung des Kommunikationsnetzes und zum Datendurchsatz sowie zur Ressourcenauslastung und zur Verfügbarkeit der Komponenten im System. Auch diese Informationen bilden eine wichtige Grundlage für Entwurfsentscheidungen zur Software-Verteilung und zur Konzeption des Systems im Hinblick auf dessen Kommunikations- und Verarbeitungskapazität. Gleiches gilt für die Anzahl der Übergänge zwischen Rechnernetzen oder Subsystemen und ähnliches. Für die Software-Verteilung sind insbesondere die zeitlichen Angaben von Interesse, da die Abhängigkeitsdefinition diese Information nicht umfaßt. Angestrebtes Ziel ist, die Relation zwischen den Zeiten der Kommunikation, inklusive der zugehörigen Wartezeite, und den Verarbeitungszeiten möglichst klein zu halten.[23] Wie auch andere Entwurfsziele hängen die Zeiten aber nicht allein von der gewählten Software-Verteilung ab. Deshalb kann der Entwurf der Daten- und Programmallokation nicht von den sonstigen Entwurfsentscheidungen für das verteilte Informationssystem isoliert werden. Daraus folgt der Anspruch an das Modell, flexibel gestaltbar zu sein, um Modifikationen, die Kapazitäten und Komponentenanzahl betreffen, ohne großen Aufwand im Modell vollziehen zu können. Analoges gilt für die Hinzunahme von Daten oder neuen Applikationen, die oftmals eine Rekonfiguration der bestehenden Software-Verteilung notwendig machen.

---

[23] Vgl. *Scherr, A.L.*: Distributed data processing, 1978, S. 333

3. Aufbereitung der Modelleingaben

Die wichtigsten Angaben, auf die das Modell zur Daten- und Anwendungsallokation angewiesen ist, sind im konzeptuellen Daten- und Funktionenmodell enthalten. Erst auf der Basis dieser Vorarbeiten kann über die Verteilungen im System entschieden werden. Weitere wichtige Modellinformationen sind der Planung für die Konzeption der Rechnernetze zu entnehmen. Dazu gehören die Eigenschaften der bestehenden und der zukünftigen Last als der im Modell aktiven Komponente, die Identifikation von Standorten zur ersten Gruppierung von Informationssystem-Funktionen sowie der genaue Anwenderbedarf, z.B. auch alternative Berichtswünsche und deren Adressaten.[24] Die Analysen zur Vorbereitung der Modelleingaben haben das Informationssystem als Gruppierung von Funktionen darzustellen, zwischen denen Verbindungen als Informationsflüsse bestehen und die auf bestimmte Daten zugreifen. Damit sind die zwei zentralen Objekte der Betrachtungen hervorgehoben: die Anwendungsgruppen und die Datenpartitionen. Die objektorientierte Modellierung bildet dabei das bedeutende Bindeglied, weil eine objektorientierte Vorgehensweise erzwingt, Anwendungen und Daten immer im Verbund zu betrachten.

Aus mehreren Gründen ist es empfehlenswert, die Informationen, welche Informationssystem-Anfragen der Systembenutzer betreffen, von den sonstigen Systemanwendungen zu trennen. Die drei wichtigsten Motive dafür sind:[25]

1.) Die Leistung der Auswertungs-, Planungs- und Steuerungsprogramme wird durch die ad-hoc-Anfragen an das Informationssystem nicht wesentlich reduziert,

2.) Die Datenbasis des Anwenders ändert sich während seiner Anfrage nicht und ist seltener gesperrt,

3.) Der Datenbankentwurf für beide Arten von Anwendungen kann an den unterschiedlichen Bedarf angepaßt werden.

Damit ist eine nützliche Strukturierung der Software des verteilten Informationssystems in der Entwurfsphase der einzelnen Subsysteme gegeben. Für den Gesamtentwurf des verteilten Informationssystems ist die Unterscheidung zu detailliert.

---

[24] Zur Planungsinformation für die Konzeption von Rechnernetzen vgl. *Terplan, K.*: Kommunikationsnetze, 1989, S. 193

[25] Vgl. *Devlin, B.A. / Murphy, P.T.* : An architecture for a business and information system, 1988, S. 63

146   D. Konzeptueller Entwurf der Daten- und Anwendungsallokation

Die Informationen aus dem Daten- und dem Funktionenmodell sind nun auf diese Art klassifiziert mit dem Ziel aufzubereiten, die Zusammenhänge zwischen verteilten Funktionen sowie zwischen den Funktionen und den Daten deutlich herauszustellen. Dazu eignen sich als Darstellungsform besonders gut Matrizen.

Die ersten drei Matrizen beziehen sich auf bereits definierte Anwendungen. Diese müssen nicht unbedingt periodisch ablaufen, sondern können bei Bedarf aufgerufen werden; sie sind dem System aber - anders als die selbstdefinierten sporadischen Benutzeranfragen - bekannt. Für diese sind die Matrizen (4) und (5) zu erstellen. Diese entfallen allerdings beim Entwurf des Gesamtsystems.

(1) Zuordnung von Anwendungen zu Knoten:

Anwendungen \ Knoten	K_1	K_2	K_3	K_4
A_1			X	
A_2	X			
A_3			X	X
A_4		X		X
A_5		X		
A_6	X		X	X
A_7				X

Vorstehende Matrix ist die Basis für die erste Funktionengruppierung. Für sämtliche Anwendungen des Funktionenmodells werden die Knoten in der Matrix markiert, von denen aus es möglich sein soll, die jeweilige Anwendung aufzurufen. Mit den Anwendungen sind dabei generelle Aufgabenblöcke, z.B. Materialbestandsführungen, gemeint und noch nicht einzelne Module, die aber auch schon für das Funktionenmodell definiert sein müssen. Jede derartige Matrix wird von einer Arbeitsgruppe erstellt, zu der Systementwickler, Mitarbeiter der Unternehmensorganisation und Spezialisten der Fachabteilungen gehören müssen, weil hier alle betrieblichen Nebenbedingungen bedacht werden sollen. Anwendungen, die aus Gründen der Spezialisierung oder wegen einer gewollten Autonomie unbedingt einem spezifischen Knoten zugewiesen werden müssen, sind gesondert zu markieren.

II. Aufbau und Funktionsweise des Modells

(1) Kommunikationsbeziehungen zwischen Anwendungen:

	A_1	A_2	A_3	A_4	A_5	A_6
A_1		X	X			
A_2	X			X		X
A_3	X					
A_4		X			X	
A_5					X	X
A_6		X		X		

Den Inhalt dieser Matrix zu bestimmen, setzt unabdingbar eine umfangreiche Systemanalyse voraus. Hilfreich ist hierzu insbesondere ein objektorientiertes Datenmodell, da erstens über gemeinsame Datenzugriffe auf Kommunikationsbeziehungen geschlossen werden kann, und zweitens die Verkettung von Botschaften Aufschluß über Kooperationen gibt. Die Matrix wird mit dem fortschreitendem Systementwurf vervollständigt, wobei oftmals der Prototyp des insoweit entworfenen Informationssystems die fehlenden Beziehungen aufzuzeigen hilft.

(3) Zuordnung von Datenpartitionen zu Anwendungen:

Anwendungen	D_1	D_2	D_3	D_4	D_5	D_6	D_7	D_8	D_9
A_1	l						l	l	
A_2		s/l	s/l			l			l
A_3	s/l				s/l			s/l	
A_4				s/l			l		s/l

Vorstehende dritte Matrix kombiniert Informationen aus dem Daten- und aus dem Funktionenmodell. Für jede der Anwendungen sind die Datenpartitionen markiert, auf die sie direkt zugreift. Diese Markierung ermöglicht zudem, zwischen einem Lesezugriff und einem Schreib-/Lesezugriff zu unterscheiden. Die Spalten der Datenpartitionen sind mit der Bezeichnung der Datenpartition und deren geschätzten Größe in kBytes gekennzeichnet.

(4) Zuordnung von Endanwendern zu Knoten:

Endanwender \ Knoten	K_1	K_2	K_3	K_4
An_1		X		
An_2		X		
An_3				X
An_4	X			
An_5			X	
An_6	X			

Der Aufbau und Inhalt dieser vierten Matrix entsprechen denen der ersten Matrix. Ein Unterschied besteht allerdings darin, daß hier jede Zeile mit genau einer Markierung versehen ist. Das bedeutet nicht, daß jeder Anwender nur auf einen Knoten festgelegt ist und nur von diesem aus Zugang zum System hat. Um aber über die Datenallokation entscheiden zu können, ist der Hauptarbeitsplatz der einzelnen Anwender anzugeben.

(5) Zuordnung von Datenpartitionen zu Endanwendern:

Endanwender \ Datenpartitionen	D_1	D_2	D_3	D_4	D_5	D_6	D_7	D_8	D_9
An_1	X		X	X					
An_2			X		X			X	X
An_3		X				X			
An_4	X	X	X		X		X		

Die vorliegende Matrix ähnelt der Matrix, die die Zugriffe von vordefinierten Anwendungen auf Daten angibt. An Stelle der Anwendungen stehen hier aber die Anwender. Dieser Unterschied erschwert die Belegung der Matrix ganz erheblich, weil der Informationsbedarf der Systembenutzer abzuschätzen

II. Aufbau und Funktionsweise des Modells

ist. Nur die genaue Kenntnis der Aufgabenbereiche eines jeden einzelnen Mitarbeiters ermöglicht, die Inhalte der Matrix zu bestimmen. Deshalb ist der Systementwickler auch in diesem Abschnitt des Systementwurfs auf kooperative Zusammenarbeit mit den Endanwendern angewiesen.

Die Informationen in den Matrizen bestimmen die Interdependenzen zwischen den Knoten und beeinflussen das Systemverhalten im Simulationsmodell. Ferner sind die Schwellenwerte entscheidend für die Funktionsfähigkeit des Modells. Um diese Schwellenwerte festlegen zu können, müssen erste Informationen über das Systemverhalten vorliegen. Gesucht werden Daten- und Programmverteilungen, die imstande sind, Abhängigkeiten zwischen entfernt allokierter Software zu vermindern. Wie in Abbildung D-4 weiter unten in einem dreidimensionalen Koordinatensystem gezeigt, bedeutet das, daß die aktiven und passiven Komponenten sowie die Datenabhängigkeiten der gewählten Verteilung möglichst nahe bei den Koordinatenachsen liegen sollen. Die Schwellenwerte markieren dabei eine Grenze, unter der keine weiteren Reallokationen getestet werden. Diese Schwellenwerte haben deshalb eine Schlüsselstellung. Der Systementwickler kann sie folglich erst festlegen, wenn er mit dem Systemverhalten vertraut ist.[26]

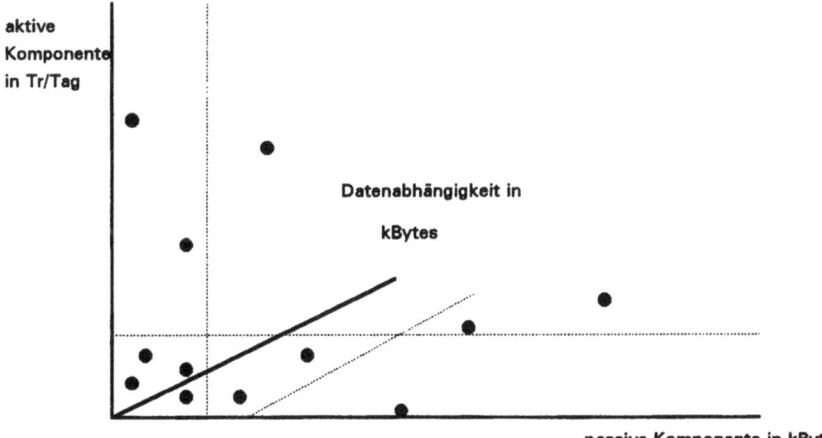

Abbildung D-4.: Diagramm der Abhängigkeiten

---

[26] Vgl. *Baker, C.T.*: Logical distribution of applications and data, 1980, S. 177

150   D. Konzeptueller Entwurf der Daten- und Anwendungsallokation

III. Objektorientiertes Konzept des Verteilungsmodells

Die folgende Beschreibung des objektorientierten Modells basiert nicht auf einer speziellen objektorientierten Sprache. Sie ist allgemein gehalten und soll ein Klassen- und Botschaften-, bzw. Methodenkonzept darstellen, das in jeden objektorientierten Ansatz übernommen werden kann. Da sich für objektorientierte Konzepte jedoch noch kein Standard durchsetzen konnte, sind zwei Festlegungen nicht zu vermeiden: Erstens beschränkt sich das angewandte Prinzip der Vererbung auf die einfache Vererbungshierarchie, und zweitens ist das gesamte Modell ausschließlich objektorientiert konstruiert. Die reine Objektorientierung hat zwar einerseits die Vorteile durchgängiger Ansätze, andererseits ist aber ein Effizienzverlust nicht zu vermeiden. Dieser Verlust ist für den vorliegenden Prototypen irrelevant; bei der Konzeption größerer Modelle ist es jedoch günstiger, die Initialisierungs- und Auswertungsphase im Modell prozedural zu implementieren. Die grundlegende objektorientierte Struktur des Modells ändert sich dabei nicht.

Die objektorientierte Simulation und das simulierte System bilden im Modell eine Einheit und sind deshalb nicht getrennt zu betrachten. Generell gilt jedoch, daß die Klassen der Simulation den Rahmen bilden, in den das modellierte System eingeschlossen ist. Daraus folgt gleichzeitig eine Strukturierung, die es erleichtert, das Modell verständlich zu beschreiben.

1. Objektorientierte Modellierung des Systems

Im Mittelpunkt des Systems stehen die Module. Sie kooperieren über Kommunikationsprozesse miteinander, sie greifen auf Daten zu, sie sind die Komponenten, aus denen sich die verteilten Anwendungen zusammensetzen, und sie sind den Knoten im System zugeordnet.

Eine verteilte Anwendung setzt sich aus einem Modul oder aus mehreren Modulen zusammen. Den Anwendungen kommt im Modell eine Sonderstellung zu, weil sie in den Simulationslauf eingeplant werden und damit die Ereignisse anstoßen. Die Einplanung geschieht entweder zu festgelegten Zeitpunkten, oder die Anwendungen erhalten über zeitliche Verteilungsfunktionen Anfangszeiten zugewiesen. Der Aufruf einer Anwendung löst die Aktivitäten ihrer Module aus.

Eine Instanz der Klasse Anwendung kann sowohl eine vordefinierte Systemanwendung als auch eine Anfrage eines Endbenutzers des Informationssystems repräsentieren. In der Simulation unterscheiden sich beide Arten nicht voneinander, die Information über das Spezifikum einer Anwendung ist aber für den Systementwickler bedeutend.

Die Module werden nicht von der Anwendung direkt aufgrufen, sondern über ein spezielles Objekt: den Koordinator. Dieser Koordinator steuert die Modulaufrufe, damit sichergestellt wird, daß ein Modul erst dann wieder aufgerufen wird, wenn es seinen vorhergehenden Lauf beendet hat. Ein weiterer Koordinator verwaltet analog den Datenzugriff. Koordinatoren sind abstrakte Objekte, da sie keinem Objekt des realen Informationssystems entsprechen.

Nach dem Aufruf eines Moduls fordert dieses im ersten Schritt bei der Datenverwaltung die benötigten Daten an. Die Datenverwaltung kooperiert mit dem Koordinator der Daten, um die entsprechenden Daten zu sperren. Ferner gehört es zu den Aufgaben der Datenverwaltung die durch den Datenzugriff entstandenen Kommunikationsprozesse zu registrieren. Kommunikationsprozesse finden immer dann statt, wenn die Daten auf einem anderen Knoten plaziert sind als das anfordernde Modul.

Erst wenn das Modul sämtliche Daten erhalten hat, beginnt seine Verarbeitungszeit. Nach deren Ablauf, also wenn die eigenen Aufgaben erfüllt sind, ruft das Modul seine Kooperationspartner auf. Das ist zwar vereinfacht modelliert; weil das Modul aber erst freigegeben wird, wenn auch die Antworten seiner Kommunikationspartner vorliegen, ist das Ergebnis nicht entscheidend verfälscht.

Die Datenkapseln und die Knoten zählen zu den Objekten im Modell, die sich primär passiv verhalten. Die Informationen der Daten dienen der Berechnung der passiven Komponente sowie der Datenabhängigkeit im Modell. Weiterhin beeinflussen sie das Systemverhalten in der Zeit, da sie Prozeßverzögerungen bewirken, wenn parallele Zugriffe auf sie gewünscht sind.

Die Knoten bearbeiten vorzugsweise Anfragen zu der gewählten Software-Plazierung. Zudem können sie noch mit Ausfallwahrscheinlichkeiten belegt werden. Damit lassen sich Auskünfte zur Verfügbarkeit nicht nur indirekt über die gemessenen Abhängigkeiten ableiten, sondern auch direkt über die abgebrochenen Prozesse.

Die Vorgänge im Kommunikationssystem werden mit Hilfe der Klassen Router, Kommunikationsprozeß und Kommunikationssystem modelliert. Es läßt sich beliebig detailliert modellieren und simulieren.[27] Für die Zwecke des Verteilungsmodells genügt es, den Kommunikationsprozessen - in Abhängigkeit von den Kommunikationswegen - über statistische Verteilungsfunktionen

---

[27] Vgl. z.B. *Chang, Y.-L. / Shen, S.*: Simulation investigation on message based CSMA/CD priority protocols, 1988, S. 203 ff. oder die ausführliche Arbeit zum Tokenbus-Verfahren von *Jäger, R.*: Computer-Kommunikation für lokale Rechnernetze, 1991, S. 8 ff.

Zeiten und Fehlerwahrscheinlichkeiten zuzuordnen. Der Router wird dabei zwischengeschaltet, um die Kommunikationswege zu bestimmen. Das umfaßt auch die Aufgabe, einen Kommunikationsprozeß in mehrere Prozesse aufzuspalten, wenn die Kommunikation über einen ausgezeichneten Systemknoten, wie z.B. ein Gateway, läuft. So könnte beispielsweise ein Kommunikationsvorgang von *Knoten A* nach *Knoten B* als Kommunikation von *Knoten A* zu *Knoten C*, der eine Brücke repräsentiert, und von *Knoten C* zu *Knoten B* verzeichnet werden.

Das folgende Strukturmodell veranschaulicht den beschriebenen Teilbereich des objektorientierten Verteilungsmodells:[28]

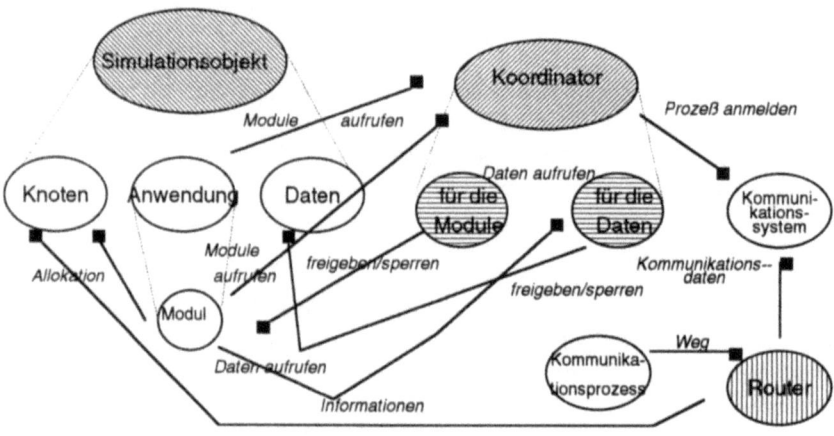

Abbildung D-5.: Ausschnitt aus dem Strukturmodell des Verteilungsmodells

2. Struktur der objektorientierten Simulation

Das Modell basiert auf einer ereignisgesteuerten Simulation. Der Simulationsrahmen wird dabei von drei zentralen Klassen gebildet.[29] Die zentrale Kontroll- und Steuerungsinstanz stellt die Klasse <u>Simulation</u> bereit. Sie ver-

---

[28] Die zugehörigen Klassen- und Botschaftenbeschreibungen sind im Anhang aufgelistet.

[29] Der Aufbau der ereignisgesteuerten Simulation ist an einen Vorschlag von *Goldberg, A. / Robson, D.*: Smalltalk-80, 1985, S. 418 ff., angelehnt.

waltet die *Uhr* der Simulation und die Ereignisfolge. Jeder Simulationslauf ist Instanz einer Unterklasse von Simulation und definiert seine speziellen Ereignisse, wie z.b. den Aufruf von Anwendungen und die Initialisierung. Für die generellen Aufgaben aber, beispielsweise die Verwaltung von zukünftigen und laufenden Ereignissen, erbt diese Unterklasse die Methoden von der Klasse Simulation.

Ereignisse werden mit Hilfe einer Liste und eines Erreigniszählers verwaltet. In der Liste stehen zukünftige Ereignisse mit ihren Startzeiten; der Ereigniszähler regisitriert die laufenden Ereignisse. Wenn dieser Zähler auf Null steht, sind sämtliche Ereignisse, die zu dem simulierten Zeitpunkt stattfinden sollten, abgeschlossen. Die *Uhr* der Simulation erhält daraufhin die Zeit zugewiesen, die mit dem folgenden Ereignis der Ereignisliste verbunden ist, der Prozeßzähler wird hochgesetzt und das Ereignis mit seinen Auswirkungen simuliert. Diese Schritte wiederholen sich bis eine festgelegte *Uhrzeit* erreicht ist, nach der die Simulation des Modells abschließt.

Die Prinzipien der Objektorientierung verdeutlicht insbesondere die Klasse Simulationsobjekt. Sie generalisiert sämtliche essentiellen Aktivitäten, die beliebige simulierte Objekte in einem Simulationslauf durchführen. Die speziellen Objekte, deren Verhalten simuliert wird, wie z.B. die Anwendungen, die Module oder die Daten, sind alle Instanzen von Klassen, die als Unterklassen des Simulationsobjektes definiert sind. Dadurch erben sie dessen allgemeine Methoden. So können sich die Objekte bei der Simulationssteuerung anmelden, sie verstehen die Botschaften, die sie auffordern, in einen Wartezustand zu wechseln oder die Aktivitäten fortzusetzen, z.B. um die Verarbeitungszeit zu simulieren, und sie können Ressourcen belegen. Bei den einzelnen Unterklassen sind meistens nur wenige spezielle Verhaltensmuster hinzuzufügen.

Die zentrale Abstraktion zur Ereignissteuerung repräsentiert die Klasse verzögertes Ereignis. Ein verzögertes Ereignis ist immer Element einer Warteliste, die entweder der Simulation oder einem Koordinator zugeordnet ist. Um seine Aufgaben als Koordinationsinstrument zu erfüllen, besitzt jede Instanz der Klasse verzögertes Ereignis zwei Attribute. Das erste Attribut stellt einen Semaphor zur Verfügung. Damit wird eine Datenstruktur zur Koordination von Prozessen bezeichnet. Der Semaphor ist ein Zähler, der lediglich auf zwei Signale reagiert. Ein Signal inkrementiert, das andere dekrementiert ihn, wobei der Wertebereich des Semaphors nach unten beschränkt ist. Jedem Prozeß ist ein Semaphor zugeordnet, und der Prozeß wird nur dann freigegeben, wenn der Wert des Semaphors größer als Null ist.[30] Über dieses Attribut ist es somit möglich, die Ereignisse zu stoppen und zu aktivieren. Das zweite Attribut be-

---

[30] Vgl. *Zima, H.*: Betriebssysteme, 1986, S. 241 f.

inhaltet die Bedingung zur Wiederaufnahme der Aktivität, z.B. einen Zeitpunkt.

Die Klassen Simulation, Simulationsobjekt und verzögertes Ereignis stellen einen Rahmen für eine ereignisgesteuerte Simulation zur Verfügung. Eine speziell definierte Simulation, wie die des Verteilungsmodells, baut auf diesen Klassen mit den dazugehörigen Methoden auf. Jeder Simulationslauf konkretisiert seine Tätigkeiten, insbesondere die Ereignisfolge, und das Verhalten seiner simulierten Objekte. Die Simulationssteuerung selbst ist jedoch bereits über die drei Klassen festgelegt. Dabei bilden diese Klassen nur das Endergebnis der Modellierung, da sie, um die Simulationsläufe steuern zu können, mit vielen weiteren Klassen kooperieren. Dazu gehören z.B. die Klassen Semaphor, Menge, sortierte Liste oder Prozeß.

Zum Simulationskonzept gehört ferner das Aufzeichnen von Ergebnissen, von bestimmten Zuständen und von ausgewählten Vorgängen im Simulationslauf. Hierzu sind weitere Klassen definiert, die jedoch nur Hilfsmittel zum Auswerten von Informationen sind und selbst keinen Einfluß auf die Struktur des Verteilungsmodells haben.

3. Iterative Entwicklung der Software-Allokation

Für den konzeptuellen Entwurf der Daten- und Anwendungsallokation ist das objektorientierte Verteilungsmodell ein unterstützendes Werkzeug. Die aus dem Modell gewonnen Ergebnisse beinhalten keine neuen Vorschläge zur Allokation, sondern diese sind von dem Systementwickler aus den gemessenen Abhängigkeiten erst abzuleiten. Die endgültige Software-Verteilung ist von zu viel Expertenwissen, das hauptsächlich *informell* und unstrukturiert ist, bestimmt, um automatisch generiert werden zu können. Automatische Prozesse übernehmen aber die Simulation, die Aufbereitung der Ergebnisse und die erste Datenzuordnung, da diese nach fest definierten Regeln berechnet wird.[31] Der Entwurf der Verteilung gehört also zu den Aufgaben des Systementwicklers, für die er zwar den Rechner als unterstützendes Werkzeug einsetzen kann; aber die eigentliche Arbeit bleibt ihm überlassen.

Abbildung D-6 veranschaulicht den durchzuführenden Iterationsprozeß. Wenn ausschließlich über die gemessenen Abhängigkeiten die Software-Verteilung entworfen wird, bricht die Iteration bei der Verteilung ab, die keine Abhängigkeiten aus den Abhängigkeitsklassen *(4), (2), (3)* und eventuell *(8)*

---

[31] Vgl. Kapitel D.II.2

III. Objektorientiertes Konzept des Verteilungsmodells 155

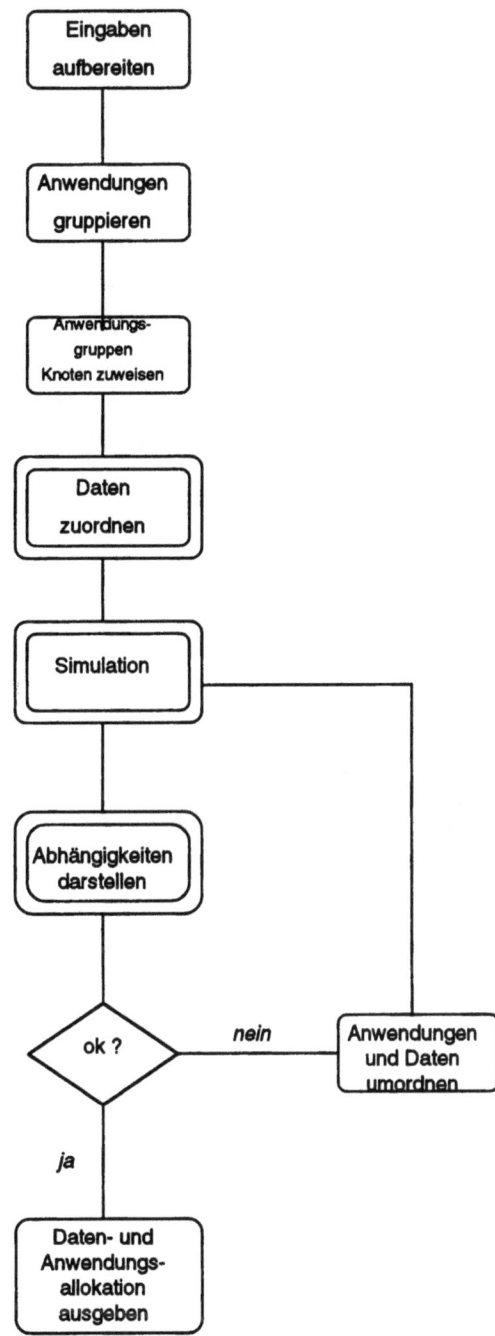

Abbildung D-6: Flußdiagramm des Iterationsprozesses

generiert.[32] Da aus der Simulation jedoch noch weitere Auskünfte, wie z.B. die Auslastung der Knoten, gewonnen werden, ist es möglich, auch diese Informationen in die Entscheidung miteinzubeziehen.

Inwieweit das Modell ausgebaut wird, um noch zusätzliche Informationen zu produzieren, ist situationsspezifisch festzulegen. Das vorgestellte objektorientierte Verteilungsmodell für den konzeptuellen Entwurf von Daten- und Anwendungsallokationen in verteilten Informationssystemen stellt im Sinne eines objektorientierten Ansatzes eine allgemeine Struktur zur Verfügung. Die definierten Klassen sind Generalisierungen, die für den jeweiligen Einzelfall über Subklassen und/oder ergänzende Klassen weiter zu spezialisieren sind. Die Subklassen können aber auf sämtliche allgemeine Eigenschaften zurückgreifen. Das garantiert der objektorientierte Aufbau, der eine effiziente Wiederverwendbarkeit und Weiterentwicklung der Verteilungsmodelle ermöglicht.

---

[32] Vgl. Kapitel D.II.2

Anhang

Aufbaudokumentation

TEIL I:

Simulationsobjekt
    └── Anwendung
           └── Modul
    Daten
    Kommunikationsprozeß

Koordinator
    └── Modulkoordinator
           Datenkoordinator

Kommunikationssystem

Router

Port

LinkedElement

Simulation
    └── VerteiltesIS

VerzögertesEreignis

TEIL II:

Klasse: *Simulation*

<u>Variablen jeder Instanz:</u>
    ereignisListe: sortierte Liste der zukünftigen Ereignisse. Das Ordnungskriterium ist der Startzeitpunkt der Ereignisse.
    zeitGeber: Simulationszeit.
    prozeßZähler: Zähler der zu jedem Zeitpunkt aktiven Prozesse.

<u>Botschaften / Methoden:</u>

initialisieren
    Die Variablen initialisieren.

neu
    Instanz bilden.

anmelden
    Die Simulation bei den Klassen Simulationsobjekt und Koordinator anmelden.

einplanen: *aktionen* **beginnenUm:** *uhrzeit* **undDannGemäß:** *eineVerteilungsfunktion*
    Plant die angegebenen Aktionen ein, indem für die Aktionen Prozesse der Programmsteuerung gebildet werden.

neuerProzeßFür: *aktionen*
    Bildet aus den Aktionen einen Prozeß, der an die Programmsteuerung übergeben wird.

verzögernBis: *uhrzeit*
    Verzögert einen Prozeß bis zur angegebenen Uhrzeit. Der Prozeß wird gestoppt, der Prozeßzähler dekrementiert und ein verzögertes Ereignis mit der Startuhrzeit wird in die Ereignisliste gehängt.

weiterBis: *uhrzeit*
    Überprüft den Prozeßzähler und stößt noch nicht abgeschlossene Ereignisse über die Programmsteuerung an. Wenn der Prozeßzähler = 0 ist, wird das nächste Ereignis der Liste genommen, die

Zeit hochgesetzt und mit der Simulation fortgefahren bis die festgelegte Zeit erreicht ist.

zeit
Antwortet mit der aktuellen Simulationszeit.

stop
Beendet den Simulationslauf.

Referenzierte Klassen:
- VerzögertesEreignis

Klasse: *VerteiltesIS*
Oberklasse: Simulation

Variablen jeder Instanz:
    anwendungen: Menge der verteilten Anwendungen.
    systemknoten: Indiziertes Feld der Systemknoten.
    allokation: Indiziertes Feld mit den Modulmengen, die den Knoten zugeordnet sind.

Klassenvariablen, auf die jede Instanz Zugriff hat:
    Steuerung: Modulkoordinator
    Dbms: Datenkoordinator

Botschaften / Methoden:

neu
Instanz bilden und **initialisieren**.

starten
Den neuen Simulationslauf **anmelden** und die Ereignisse der Simulation einplanen (**definiereAktivitäten**).

definiereAktivitäten
Liest die Anfangsdaten ein und ruft die Einplanung der Anwendungen auf (**einplanen: beginnenUm: undDannGemäß:**).

allokationenBestimmen
Liest die Anwendungen der Knoten ein und tauscht diese mit den entsprechenden Modulen aus.

knotenVon: *modul*
    Antwortet mit den Knoten, auf denen das Modul plaziert ist.

moduleVon: *knoten*
    Antwortet mit den Modulen, die auf dem Knoten plaziert sind.

Referenzierte Klassen:
- Anwendung
- Datenkoordinator
- Modulkoordinator
- Modul
- Kommunikationsprozeß
- Kommunikationssystem

Klasse: *VerzögertesEreignis*

Variablen jeder Instanz:
    semaphor: Steuervariable zur Kontrolle eines Prozesses.
    zeit: Startzeit des verzögerten Ereignisses.

Botschaften / Methoden:

neu
    Instanz bilden.

bedingungSetzen: *zeit*
    Setzt die Wiederaufnahmezeit.

vergleich: *einVerzögertesEreignis*
    Vergleicht die Zeiten zweier Ereignisse.

bedingung
    Antwortet mit der Wiederaufnahmezeit des Ereignisses.

stop
    Dekrementiert den Semaphor.

weiter
    Inkrementiert den Semaphor.

Klasse: *Simulationsobjekt*

Klassenvariable, auf die jede Instanz Zugriff hat:
    AktiveSimulation: Simulationssteuerung

Botschaften / Methoden:

neu
    Instanz bilden.

verzeichnen
    Belegt die Variable AktiveSimulation.

starten
    Meldet sich bei der Simulation an.

aufgaben: *aktivitäten*
    Übergibt seine Aktivitäten der Simulation.

warten: *zeitdauer*
    Die Aktivitäten des Simulationsobjektes werden für die angegebene Zeitdauer verzögert.

Referenzierte Klassen:
- VerteiltesIS

Klasse: *Anwendung*
Oberklasse: Simulationsobjekt

Variablen jeder Instanz:
    identifikator: Name der Anwendung.
    modulmenge: Die Namen der zugehörigen Module.
Klassenvariablen, auf die jede Instanz Zugriff hat:
    Module: Verzeichnis sämtlicher Module.
    Modulverwaltung: Modulkoordinator.

Botschaften / Methoden:

neu: *name* **mit:** *modulen*
    Instanz bilden.

initialisieren
    Sämtliche Module einlesen.

verzeichnen: *modKoordinator*
    Vermerkt den Modulkoordinator.

start
    Ruft eine Anwendung auf, indem der Aufruf jedes Moduls an den Modulkoordinator übergeben wird.

Referenzierte Klassen:
- Modulkoordinator
- Modul

Klasse: *Modul*
Oberklasse: Anwendung

Variablen jeder Instanz:
entryPort:	Port, an dem die eingehenden Aufrufe vermerkt werden.
exitPort:	Port, an dem die stattgefundenen Aufrufe vermerkt werden.
lesedaten:	Daten, auf die das Modul nur lesend zugreift.
s/l-daten:	Daten, auf die das Modul lesend und schreibend zugreift.
ergebnis:	Größe des Modulergebnisses in kBytes.

Botschaften / Methoden:

neuMit: *schreib* **und:** *lesedaten* **größe:** *kBytes*
    Instanz bilden.

initialisieren
    Initialisiert die Variablen.

modulaufruf: *zeitdauer* **auf:** *knoten*
    Übergibt die Verzögerung (Zeitdauer) der Simulationssteuerung. Gibt nach dem Ablauf der Zeit die Steuerung wieder an den Modulkoordinator zurück.

Referenzierte Klassen:
- Modulkoordinator
- VerteiltesIS

Klasse: *Daten*
Oberklasse: Simulationsobjekt

Variablen jeder Instanz:
    entryPort: Port, an dem die eingehenden Aufrufe vermerkt werden.
    exitPort: Port, an dem die stattgefundenen Aufrufe vermerkt werden.
    größe: Größe der Dateneinheit in kBytes.

entry
    Antwortet mit dem entryPort.

exit
    Antwortet mit dem exitPort.

umfang
    Antwortet mit der Datengröße.

Klasse: *Koordinator*

Variablen jeder Instanz:
    gesperrteEinheiten: Menge der gesperrten Daten oder Module.
Klassenvariable, auf die jede Instanz Zugriff hat:
    Kommunikationsverwaltung: Kommunikationssystem.

Botschaften / Methoden:

neu
    Instanz bilden.

initialisieren
    Variable initialisieren.

verzeichnen: *komSystem*
    Vermerkt das Kommunikationssystem.

testen: *einheit*
> Überprüft, ob die Einheit gesperrt ist. Die Einheit kann ein Modul oder eine Dateneinheit umfassen. Wenn sie auf einem Knoten zur Verfügung steht, antwortet die Methode mit dem entsprechenden Knoten. Gesperrte Einheiten erhalten den Aufruf an ihrem *entry-port* vermerkt. Für die gesperrte Einheit wird ein verzögertes Ereignis eingeplant.

freigeben: *einheit*
> Gibt die Einheit wieder frei, überprüft ob ein weiterer Aufruf wartet und stößt diesen bei Bedarf an.

Referenzierte Klassen:
- VerteiltesIS
- Modul
- Daten
- Port

Klasse: *Modulkoordinator*
Oberklasse: Koordinator

Klassenvariable, auf die jede Instanz Zugriff hat:
> Datenverwaltung: Datenkoordinator.

Botschaften / Methoden:

verzeichnen: *datenkoord*
> Vermerkt den Datenkoordinator.

starte: *modul*
> Übernimmt die Steuerung eines Modulaufrufs.

modullauf: *modul* **von**: *knoten1* **aufgerufen**: *aufrufer* **von**: *knoten2*
> Übergibt die Information an das Kommunikationssystem und startet den Ablauf.

ablauf: *modul1* **auf**: *knoten1* **gerufenVon**: *modul2* **mit**: *kommunikationsID*
> Fordert alle Daten bei dem Datenkoordinator an und ruft alle Kooperationspartner auf. Plant die zeitliche Verzögerung ein und leitet die Abschlußprozesse ein.

abschluß: *modul* **von:** *knoten* **mit:** *kommunikationsID*
Weist die Datenfreigabe an und gibt das Modul frei. Wenn es von einem Partnermodul aufgerufen wurde, dann wird das Ergebnis in dem entsprechenden Kommunikationsprozeß vermerkt.

Referenzierte Klassen:
- Modul
- Anwendung
- Port
- Kommunikationssystem
- Datenkoordinator

Klasse: *Datenkoordinator*
Oberklasse: Koordinator

Klassenvariable, auf die jede Instanz Zugriff hat:
  Datenverzeichnis: Enthält die Angaben zur Allokation der Daten.

Botschaften / Methoden:

datenSetzen
  Ordnet den Daten Knoten zu.

aufrufer: *modul* **von:** *knoten* **benötigt:** *datenname* **für:** *kommunikationsID*
Veranlaßt die Prüfung, ob die Daten frei sind und leitet die entsprechenden Vorgänge ein.
Wenn die KommunikationsID = 0 (d.h., die Datenanforderung gehört noch zu keinem Kommunikationsprozeß), dann:
  wenn Daten und Modul auf demselben Knoten liegen, dann geht
    die Simulation ohne Verzögerung weiter,
  sonst wird ein Kommunikationsprozeß vermerkt.
Wenn die KommunikationsID > 0 dann:
  wenn Daten und Modul auf demselben Knoten liegen, dann
    werden die Daten zu der Variablen für die Daten-
    abhängigkeit des Kommunikationsprozesses addiert.
  sonst wird ein Kommunikationsprozeß vermerkt.

knotenVon: *daten*
  Antwortet mit den Knoten, auf denen die Daten plaziert sind.

Referenzierte Klassen:
- Modul
- VerteiltesIS
- Kommunikationssystem
- Daten

Klasse: *Kommunikationssystem*

Klassenvariablen, auf die jede Instanz Zugriff hat:
    Kommunikationen: Verzeichnis der Kommunikationsprozesse.
    ID-Nummer: Zähler der Kommunikationsprozesse.

Botschaften / Methoden:

initialisieren
    Variablen initialisieren.

nummer
    Zählt den Zähler der Kommunikationsprozesse um eins hoch und gibt das Ergebnis zurück.

adresse: *modul1* **von**: *knoten1* **absender**: *modul2* **von**: *knoten2*
    Vergleicht die Knoten von Modul 1 und Modul 2. Wenn diese gleich sind, wird ein Ereignis ohne zeitliche Verzögerung in Ereignisliste der Simulation eingefügt, so daß das Modul gleich starten kann. Sonst wird ein Kommunikationsprozeß gesucht oder gebildet.

prozeßSuchenVon: *modul1* **auf**: *knoten1* **zu**: *modul2* **auf**: *knoten2*
    Prozeßidentifikation suchen, falls die Transaktion bereits gelaufen ist, sonst einen neuen Prozeß bilden. Die Kommunikationen werden an den exit-ports der Module vermerkt. Als Antwort wird die Identifikationsnummer des Kommunikationsprozesses übergeben.

kommunikationFür: *daten* **von**: *knoten1* **absender**: *modul* **von**: *knoten2*
    Bildet oder sucht einen Kommunikationsprozeß und meldet das Ereignis an die Simulation. Die Antwort ist eine Prozeßidentifikation.

aufzeichnen: *kommunikation* **an**: *einheit* **mit**: *prozeßID* **von**: *modul2*
    Zeichnet den Kommunikationsprozeß in der Liste und an dem Modul oder der Datenkapsel auf.

zählen: *kommunikation*
  Verwaltet die aktive Komponente der Transaktion.

verwalten: *kommunikationsID* **mitDatenabhängigkeit**: *kBytes*
  Verwaltet die Datenabhängigkeit der Kommunikationsprozesse.

verwalten: *kommunikationsID* **mitPassiverKomponenten**: *kBytes*
  Verwaltet die passive Komponente der Kommunikationsprozesse.

ergebnisAuswerten
  Wertet die Transaktionen aus, erstellt die Informationen des Abhängigkeitsgraphen.

Referenzierte Klassen:
- VerteiltesIS
- Modul
- Daten
- Port
- Kommunikationsprozeß

Klasse: *Kommunikationsprozeß*
Oberklasse: Simulationsobjekt

Variablen jeder Instanz:
  identifikator: Nummer zur Identifikation des Prozesses.
  absenderknoten: Ausgangsknoten der Kommunikation.
  adressknoten: Adressierter Knoten der Kommunikation.
  aktKomponente: Aktive Komponente der Transaktion.
  pasKomponente: Passive Komponente der Transaktion.
  datenabh: Komponente, die die Datenabhängigkeit der Transaktion verzeichnet.
  zeit: Zeitdauer der Kommunikation im System.
  fehler: 0: die Kommunikation läuft fehlerfrei ab,
                      >0: die aktive Komponente wird erhöht.

Botschaften / Methoden:

initialisieren
  Variablen initialisieren.

inkrementieren
    Zählt die aktive Komponente um eins hoch.

datensperre: *kBytes*
    Addiert die angegebenen kBytes zu der Datenabhängigkeit.

datenübertragung: *kBytes*
    Addiert die angegebenen kBytes zu der passiven Komponenten.

neuerProzeßVon: *knoten1* **nach**: *knoten2*
    Bildet einen neuen Kommunikationsprozeß (oder Transaktion). Die Zeit und die Fehlerinformation werden von dem Router angefordert.

Referenzierte Klassen:
- Router

Klasse: *Router*

Botschaften / Methoden:

zeitdauerVon: *knoten1* **nach**: *knoten2*
    Bestimmt die Zeitdauer des Kommunikationsprozesses.

fehlerVon: *knoten1* **nach**: *knoten2*
    Weist der Transaktion die Fehlerrate in Abhängigkeit von der Tageszeit zu.

Klasse: *Port*

Botschaften / Methoden:

einfügen: *element*
    Hängt das Element an das Listenende.

neu
    Bildet eine neue Instanz.

element
    Löscht und übergibt das erste Element der Liste.

leer
    Ist wahr, wenn der *Port* leer ist.

Referenzierte Klassen:
- LinkedElement

Klasse: *LinkedElement*

Variablen jeder Instanz:
    modulname: Name des aufrufenden Moduls.
    identifikator: Nummer des Kommunikationsprozesses.

Botschaften / Methoden:

neuMit: *name* **und:** *nummer*
    Instanz bilden.

name
    Antwortet mit dem Modulnamen.

nummer
    Antwortet mit der Nummer des Kommunikationsprozesses.

Literaturverzeichnis

Abeln, O.: Die CA..-Techniken in der industriellen Praxis: Handbuch der computergestützten Ingenieur-Methoden. München, Wien, 1990

Achatzi, G.H.: Praxis der strukturierten Analyse: eine objektorientierte Vorgehensweise. München, Wien, 1991

Adam, D.: Probleme der belastungsorientierten Auftragsfreigabe. In: ZfB, Heft 1, 1988 (58. Jg.), S. 98 - 115

Adam, D.: Entgegnung: Probleme der belastungsorientierten Auftragsfreigabe. In: ZfB, Heft 1, 1989 (59. Jg.), S. 443 - 447

Altenkrüger, D.E.: Wissensdarstellung für Expertensysteme. Mannheim, Wien, Zürich, 1987

Altmann, J.: Volkswirtschaftslehre. 2., durchges. Aufl., Stuttgart, 1990

AWF (Hrsg.): AWF-Empfehlungen. Integrierter EDV-Einsatz in der Produktion. CIM - Computer Integrated Manufacturing: Begriffe, Definitionen, Funktionszuordnungen. Eschborn, 1985

Baker, C. T.: Logical distribution of applications and data. In: IBM Systems Journal, Vol. 19, No. 2, 1980, S. 171 - 191

Balzert, H.: Die Entwicklung von Software-Systemen: Prinzipien, Methoden, Sprachen, Werkzeuge. Mannheim, Wien, Zürich, 1982

Baumgarten, B.: Petri-Netze: Grundlagen und Anwendungen. Mannheim, Wien, Zürich, 1990

Bayer, R./Elhardt, K./ Kießling, W./ Killar, D.: Verteilte Datenbanksysteme. Eine Übersicht über den heutigen Entwicklungsstand. In: Informatik-Spektrum, Heft 1, 1984 (Bd. 7), S. 1 - 19

Berthel, J.: Generelle oder individuelle Management-Informationssysteme. In: Grochla, E., Szyperski, N. (Hrsg.): Management-Informationssysteme. Eine Herausforderung an Forschung und Entwicklung. Wiesbaden, 1971, S. 311 - 330

Binbeutel, K./ Funke, A./ Katz, M., Biwer, G./ Bender, K.: Die PROFIBUS-Anwendungsschicht. In: Encarnacao, J. (Hrsg.): Telekommunikation und multimediale Anwendungen der Informatik. Berlin, Heidelberg et al, 1991, S. 657 - 666

Black, U.: TCP/IP and Related Protocols. New York, St- Louis et al, 1992

Literaturverzeichnis

Bode, A.: Befehlssatz, redutierter. In: Krückeberg, F., Spaniol, O.: Lexikon Informatik und Kommunikationstechnik. Düsseldorf, 1990, S. 53 - 54

Bönke, D.: Computer Integrated Manufacturing: Gestaltungsmöglichkeiten und Strategien. Berlin, 1992

Bowen, J.P., Gleeson, T.J.: Distributed operating systems. In: Zedan, H.S.M. (Hrsg.): Distributed Computer Systems: Theory and practice. Butterworths, London, Boston et al, 1990, S. 3 - 28

Brecht, W.: Verteilte Systeme unter Unix: eine praxisorientierte Einführung. Braunschweig, Wiesbaden, 1992

Breutmann, B./Burkhardt, R.: Objektorientierte Systeme: Grundlagen - Werkzeuge - Einsatz. München, Wien, 1992

Buck, K.: Heterogene Computerwelten arbeiten im Verbund. In: Handelsblatt Nr. 199, 16.10.1991, S. B6

Bührens, J.: Grundlagen des Rechnungswesens. Hahnstein, Königstein, 1984

Bülow, D.: Was heißt "Objektorientierung" eigentlich? In: Computer Magazin, Heft 3, 1992 (21. Jg.), S. 5 - 11

Bütow, W.: Ein Modell der Allokation von distributiven Datenbasen in Rechnernetzen. In: PIK. Praxis der Informationsverarbeitung und Kommunikation, Heft 2, 1992 (15. Jg.), S. 71 - 78

Bullinger, H.-J./ Niemeier, J.: Informationsmanagement und Computer Integrated Business - eine Einführung. In: Bullinger, H.-J. (Hrsg.): Handbuch des Informationsmanagements im Unternehmen: Technik, Organisation, Recht, Perspektiven. Band 1. München, 1991, S. 23 - 46

Ceri, S./ Pelagatti, G.: Distributed Databases: Principles and Systems. 3. Aufl., New York, San Francisco et al, 1988

Chang, Y.-L./ Shen, S.: Simulation investigation on message based CSMA/CD priority protocols. In: Simulation, Heft 5, 1988, S. 203 - 214

Chen, P.P.: The Entity-Relationship Model: Toward a Unified View of Data. In: ACM Transactions on Database Systems, Vol. 1, Nummer 1 (Januar), 1976, S. 9 - 36

Clark, M.: Distributed computing systems. In: Waters, G. (Hrsg.): Computer Communication Networks. London et al, 1991, S. 271 - 303

Coad, P./ Yourdon, E.: Object-Oriented Analysis. 2. Aufl., Englewood Cliffs, New Jersey, 1991

Cypser, R. J.: Communications Architecture for Distributed Systems. Reading, Massachusetts, 1978

Dadam, P.: Verteilte Datenbanken, Teil 1 der Teilnehmerunterlagen zum Tutorium: Datenbanken in Rechnernetzen am 17.10.1989 in München der GI Deutsche Informatik-Akademie, Ahrstr. 45, 5300 Bonn 2

Date, C.J.: An Introduction to Database Systems. Volume II. Reading, Massachusetts et al, 1985

Delvin, B.A./Murphy, P.T.: An architecture for a business and information system. In: IBM Systems Journal, Vol. 27, No. 1, 1988, S. 60 - 80

Denert, E.: Software-Engineering: methodische Projektabwicklung. Berlin, Heidelberg et al, 1991

Devlin, B. A./ Murphy, P.T.: An architecture for a business and information system. In: IBM Systems Journal, Vol. 27, No. 1, 1988, S. 60 - 80

Dirlewanger, W.: Downsizing. In: PIK. Praxis der Informationsverarbeitung und Kommunikation, Heft 3, 1992 (15. Jg.), S. 163 - 165

Doch, J.: Zwischenbetrieblich integrierte Informationssysteme - Merkmale, Einsatzbereiche und Nutzeffekte. In: Theorie und Praxis der Wirtschaftsinformatik. HMD. Zwischenbetriebliche Integration (ZBI), Heft 165, Mai 1992 (29. Jg.), S.3-16

Drobnik, O.: Verteiltes DV-System. In: Informatik-Spektrum, Heft 4, 1981 (Bd. 4), S. 274

Effelsberg, W./ Fleischmann, A.: Das ISO-Referenzmodell für offene Systeme und seine sieben Schichten. In: Informatik Spektrum, Heft 9, 1986, S. 180 - 199

Eickert, S./ Kurbel, K./ Pietsch, C./ Rautenstrauch, C.: Einbindung von Software-Altlasten durch integrationsorientiertes Reengineering. In: Wirtschaftsinformatik, Heft 2, 1992 (34. Jg.), S. 137 - 145

Endres, A./ Uhl, J.: Objektorientierte Software-Entwicklung. Eine Herausforderung für die Projektführung. In: Informatik-Spektrum, Heft 5, 1992 (Bd. 15), S. 255 - 263

Ferstl, O.K./ Sinz, E.J.: Objektorientierte fachliche Analyse. In: Output, Heft 1, 1992, S. 35 - 40

Finke, W.F.: Groupwaresysteme - Basiskonzepte und Beispiele für den Einsatz im Unternehmen. In: Information Management, Heft 1, 1992 (7. Jg.), S. 24 - 30

Fisher, D.T.: Produktivität durch Information-Engineering. Braunschweig, Wiesbaden, 1990

Fuchs, H.: Basiskonzepte zur Analyse und Gestaltung komplexer Informationssysteme. In: Grochla, E., Szyperski, N. (Hrsg.): Management-Informationssysteme. Eine Herausforderung an Forschung und Entwicklung. Wiesbaden, 1971, S. 61 - 86

Fuchs, J.: Das Ende der Informationsblockaden. In: Output, Heft 1, 1992, S. 6 - 7

Fuchs-Wegner, G.: "Systemanalyse". Eine Forschungs- und Gestaltungsstrategie. In: Grochla, E., Fuchs, H., Lehmann, H. (Hrsg.): Systemtheorie und Betrieb. Opladen, 1974, S. 69 - 82

Geitner, U.W.: Betriebsinformatik für Produktionsbetriebe: Anwendungsmethodik der Betriebsinformatik, Band 1: Grundlagen. München, Wien, 1983

Geitner, U.W.: Betriebsinformatik für Produktionsbetriebe: Anwendungsmethodik der Betriebsinformatik, Band 2: Anwendungen. München, Wien, 1983

Gebhardt, R./Schnitzler, R./ Roggenbuck,/S. Ameling, W.: Modellorientierte Softwareentwicklung - Neue Wege vom Problem zum Programm erläutert am Beispiel eines Einkommensteuerprogramms. In: Wirtschaftsinformatik, Heft 3, 1992 (34. Jg.), S. 307 - 326

Gora, W.: MAP. In: Informatik-Spektrum, Heft 1, 1986 (Bd. 9), S. 40 - 42

Gora, W.,/Speyerer, P.: ASN.1. In: Informatik-Spektrum, Heft 4, 1988 (Bd. 11), S. 207 - 209

Gray, P. A.: Open Systems: a business strategy for the 1990s. Berkshire, GB, 1991

Griese, J./Kurpicz, R.: Die Integration von DV-Anwendungen bei kleinen und mittleren Unternehmen - Ergebnisse einer empirischen Untersuchung. In: Angewandte Informatik, Heft 9, 1984, S. 353 - 360

Grochla, E.: Systemtheoretische-kybernetische Modellbildung betrieblicher Systeme. In: Grochla, E., Fuchs, H., Lehmann, H. (Hrsg.): Systemtheorie und Betrieb. Opladen, 1974, S. 11 - 22

Gryczan, G./ Züllighoven, H.: Objektorientierte Systementwicklung. In: Informatik Spektrum, Heft 5, 1992 (Bd. 15), S. 264 - 272

Günnewig, H.: Nur die Systemplatine muß ausgetauscht werden. In: Handelsblatt Nr. 199, 16.10.1991, S. B 9

Gutenberg, E.: Grundlagen der Betriebswirtschaftslehre, 1. Band, Die Produktion. 23. unveränderte Aufl., Berlin, Heidelberg, 1979

Hackstein, R.: Produktionsplanung und -steuerung (PPS). Ein Handbuch für die Betriebspraxis. Düsseldorf, 1984

Härder, T./ Meyer-Wegener, K.: Transaktionssysteme in Workstation/Server-Umgebungen. In: Informatik, Forschung und Entwicklung, Heft 3, 1990 (Bd. 5), S. 127 - 143

Heinrich, L. J./ Burgholzer, P.: Systemplanung: Planung und Realisierung von Informations- und Kommunikationssystemen. Band 1: Der Prozeß der Systemplanung, der Vorstudie und der Feinstudie. München, Wien, 1989

Heinrich, L. J./ Burgholzer, P.: Systemplanung: Planung und Realisierung von Informations- und Kommunikationssystemen. Band 2: Der Prozeß der Grobprojektierung, der Feinprojektierung und der Installation. München, Wien, 1989

Heitlinger, P.: Ethernet oder Token-Ring? In: Computer Magazin, Heft 1, 1992 (21. Jg.), S. 16 - 17

Hentze, J./ Kemmel, A.: Lean Production. In: Die Unternehmung, Heft 5, 1992 (46. Jg.), S. 319 - 331

Hering, F.-J.: Informationsbelastung in Entscheidungsprozessen: Experimental-Untersuchung zum Verhalten in komplexen Situationen. Frankfurt am Main, Bern, New York, 1986

Herrtwich, R. G.: Betriebsmittelvergabe unter Echtzeitgesichtspunkten In: Informatik Spektrum, Heft 3, 1991 (Bd. 14), S. 123 - 136

Hickert, R./ Moritz, M.: Informationen für Manager - Von der Datenfülle zum praxisnahen Management-Informationssystem. In: Hickert, R., Moritz, M. (Hrsg.): Management-Informationssysteme: Praktische Anwendungen. Berlin, Heidelberg et al, 1992, S. 101 - 115

Hickert, R./ Stumpp, M.: Ist-Situation und Zukunftserwartungen bei Management-Informationssystemen - Ergebnisse einer Befragung. In: Hickert, R., Moritz, M. (Hrsg.): Management-Informationssysteme: Praktische Anwendungen. Berlin, Heidelberg et al, 1992, S. 89 - 100

Hicks, J.O.: Information systems in business. St. Paul, USA, 1986

Hirt, K./ Reineke, B./ Sudkamp, J.: FFS-Organisation. Die Technik allein reicht nicht aus. In: Computer Magazin, Heft 4 - 5, 1991 (20. Jg.), S. 22 - 25

Hoch, D.: Voraussetzung für die erforderliche Implementierung moderner Management-Informationssysteme. In: Hickert, R., Moritz, M. (Hrsg.): Management-Informationssysteme: Praktische Anwendungen. Berlin, Heidelberg et al, 1992, S. 117 - 126

Hoffmann, W./Eisfeld, H.: Channel Management: Kommunikationssystem für den ortstransparenten Nachrichtenaustausch in verteilten Systemen. In: Computer Magazin, Heft 9, 1991 (20. Jg.), S. 32 - 36

Hofmann, F.: Remote Procedure Call. In: Informatik-Spektrum, Heft 5, 1992 (Bd. 9), S. 308

Hollingum, J.: Implementing An Information Strategy In Manufacture. A Practical Approach. Berlin, Heidelberg et al, 1987

Jablonski, S.: Datenverwaltung in verteilten Systemen: Grundlagen und Lösungskonzepte. Berlin, Heidelberg, 1990

Jablonski, S./ Reinwald, B./ Ruf, T.: Eine Fallstudie zur Datenverwaltung in CIM-Systemen. In: Informatik, Forschung und Entwicklung, Heft 2, 1991 (Bd. 6), S. 71 - 78

Jäger, R.: Computer-Kommunikation für lokale Rechnernetze. Leistungsbewertung und Verbesserung der Realzeiteigenschaften bei Tokenbus basierten LANs. Hamburg, 1991

Janko, W.H./ Taudes, A.: Veränderungen der Hard- und Softwaretechnologie und ihre Auswirkungen auf die Informationsverarbeitungsmärkte. In: Wirtschaftsinformatik, Heft 5, 1992 (34. Jg.), S. 481 - 493

Kauffels, F.-J.: Lokale Netze - Status Quo und Progress. In: Angewandte Informatik, Heft 11, 1983, S. 465 - 475

Kauffels, F.-J.: Lokale Netze: Systeme für den Hochleistungs-Informationstransfer. 5., durchges. Aufl., Bergheim, 1991

Kemmler, K.: Offene Systeme gibt es nicht. In: Online, Heft 3, 1992, S. 66

Kirkerud, B.: Object-oriented Programming with Simula. Workingham, England; Reading, Massachusetts et al, 1989

Kistner, B.: ISO-Architekturmodell. In: Informatik Spektrum, Heft 2 (Mai), Bd. 3, 1980, S. 121 - 122

Knolmayer, G.: Downsizing. In: Wirtschaftsinformatik, Heft 1, 1992 (34. Jg.), S. 107 - 108

Kolb, A.: Ein pragmatischer Ansatz zum Requirements Engineering. In: Informatik Spektrum, Heft 6, 1992 (Bd. 15), S. 315 - 322

Komorek, C.: Methoden und Denkweisen der Unternehmenskybernetik: Bedeutung und Nutzen einer modernen Wissenschaft für die Praxis. Köln, 1991

Koreimann, D. S.: Systemanalyse. Berlin, New York, 1972

Korth, H.F./ Silberschatz, A.: Database System Concepts. New York, St. Louis et al, 1986

Kottenbrink, J.K.: Executive Letter No. 2 - Networld Europe vom VDA, Abteilung Informatik, 19. Mai 1992

Kurrle, S.: Integration von Informations- und Produktionstechnologien im Industriebetrieb: unter besonderer Berücksichtigung der Problematik in der Elektroindustrie. Pfaffenweiler, 1988

Lebrecht, A.: Anwendungen des CIM-Konzeptes auf PPS im DV-Betrieb. In: Computer Magazin, Heft 4 - 5, 1991 (20. Jg.), S. 32 - 35

Liedtke, U.: Controlling und Informationstechnologie: Auswirkungen auf die organisatorische Gestaltung. München, 1991

Lind, C.: Object-Oriented Simulation Of Data-Communication-Processes In Distributed Systems. In: *Stephenson, J.* (Hrsg.): Modelling and Simulation1992, Proceedings of the 1992 European Simulation Multiconference in York (UK). San Diego, 1992, S. 399 - 403

Lix, B.: Controlling und Informationsmanagement als Kernsysteme der Führungsleitsysteme im Unternehmen. In: Hickert, R., Moritz, M. (Hrsg.): Management-Informationssysteme: Praktische Anwendungen. Berlin, Heidelberg et al, 1992, S. 135 - 153

Lewis, H. R./ Papadimitriou, C. H.: Elements of the Theory of Computation. Englewood Cliffs, New Jersey, 1981

Martens, H.: Anatomie einer Vernetzung: Fallstudie einer Netzwerkausschreibung. In: PC-Netze, Heft 10, 1992, S. 62 - 80

Martiny, L.: Informationsmanagement auf der Basis gewachsener Unternehmensstrukturen - Zusammenhänge, Probleme, Lösungsansätze in der Organisation und Datenverarbeitung. Dissertation, Berlin, 1987

McLoad, R.Jr.: Management Information Systems. 3. Aufl., Chicago et al, 1986

Mertens, P./ Hofmann, J.: Aktionsorientierte Datenverarbeitung. In: Informatik-Spektrum, Heft 6, 1986 (Bd. 9), S. 323 - 333

Mertens, P./ Holzner, J.: WI - State of the Art: Eine Gegenüberstellung von Integrationsansätzen der Wirtschaftsinformatik. In: Wirtschaftsinformatik, Heft 1, 1992 (34. Jg.), S. 5 - 25

Meyer, B.: Objektorientierte Softwareentwicklung. München, Wien, 1990

microTOOL: Objektorientierte Softwareentwicklung mit case/4/0. (c) microTOOL GmbH, Berlin, 1991

Milling, P.: Die Konzipierung von Entscheidungsmodellen sozialer Systeme. In: Bea, F.X., Bohnet, A., Klimesch, H. (Hrsg.): Systemmodelle. Anwendungsmöglichkeiten des systemtheoretischen Ansatzes. München, Wien, 1979

Milling, P.: Informationstechnologie als Wettbewerbsfaktor. Beitrag Nr. 8614 des Fachbereichs Wirtschaftswissenschaften der Universität Osnabrück, Osnabrück, 1986

Mittermeier, P.: Optimale Lastverteilung in verteilten Systemen. Dissertation, Wien, Februar, 1992

Morgan, H.L./ Levin, D.K.: Optimal Program and Data Locations in Computer Networks. In: Communications of the ACM, No. 5, May 1977, Vol. 20, S. 315 - 322

Mosberger, B./ Henger, G.: Ein komplexes System von Systemen. In: Output, Heft 10, 1992, S. 53 - 59

Moser, J.: Objektorientiertes Programmieren. In: Computer Magazin, Heft 3, 1991 (20. Jg.), S. 48 - 52

Müller, S.: Lokale Netze - PC-Netzwerke: moderne Datenkommunikation dargestellt am Beispiel von PC-Netzwerken. München, Wien, 1991

Németh, T.: Konzeptuelle Objektsysteme zur Modellierung von Informations- und Steuerungssystemen. In: EMISA FORUM, Mitteilungen der GI-Fachgruppe "Entwicklungsmethoden für Informationssysteme und deren Anwendung, Heft 1, 1992, S. 15 - 24

Niedereichholz, J./ Kaucky, G.: Datenbanksysteme: Konzepte und Management. 4. vollst. revidierte Aufl., Heidelberg, 1992

Niedereichholz, J./ König, W. : Informationstechnologie der Zukunft: Basis strategischer DV-Planung. Würzburg, 1985

Nolan, R. L.: Managing the crises in data processing. In: Harvard Business Review, March-April 1979, S. 115 -127

Noltemeier, H.: Informatik III: Einführung in Datenstrukturen. München, Wien, 1992

Oestereich, B.: Objektorientierte Softwareentwicklung: Ideen und Ansätze für Analyse, Design und Realisierung. In: Softwaretechnik-Trends, Mitteilungen der Fachgruppe 'Software-Engineering' und 'Reqiurements-Engineering', Heft 4 (November), 1992 (Bd. 12), S. 49 - 59

Österle, H.,/Brenner, W./ Hilbers, K.: Unternehmensführung und Informationssystem: Der Ansatz des St. Galler Informationssystem-Managements. Stuttgart, 1991

Ortner, E.,/Söllner, B.: Semantische Datenmodellierung nach der Objekttypenmethode. In: Informatik-Spektrum, Heft 1, 1989 (Bd. 12), S. 31 - 42

Ott, H.-J.: Software-Systementwicklung: praxisorientierte Verfahren und Methoden. München, Wien, 1991

o.V.: Im Auftrag in Datenbanken recherchieren. In: Handelsblatt Nr. 204, Mittwoch, 21.10.1992, Seite B 21

o.V.: Open Systems On-Line Transaction Processing. In: Computer Magazin, Heft 3, 1991 (20. Jg.), S. 53 - 55

o.V.: Vernetzte PC verdrängen den Zentralrechner. In: Handelsblatt Nr. 199, Mittwoch, 16.10.1991, Seite B 1

Partsch, H.: Requirements Engineering. München, Wien, 1991

Petrovic, O.: Groupware-Systemkategorien, Anwendungsbeispiele, Problemfelder und Entwicklungsstand. In: Information Management, Heft 1, 1992 (7. Jg.), S. 16 - 22

Pflügl, M./ Damm, A.: Kommunikationsmechanismen verteilter Systeme und ihre Echtzeitfähigkeit. In: Informatik-Spektrum, Heft 3, 1989 (Bd. 12), S. 121 - 132

Pinson, L. J./ Wiener, R. S.: An Introduction to Object-Oriented Programming and Smalltalk. Reading, Massachusetts; Menlo Park, California et al, 1988

Pocsay, A.: Oetinger, R.: Erarbeitung und Realisierung einer CIM-Konzeption. In: Computer Magazin, Heft 4 - 5, 1991 (20. Jg.), S. 38 - 44

Poths, W.: Informationszentren im Maschinenbau. In: Lecture Notes in Computer Science. Internationale Fachtagung in Wirtschaft und Verwaltung, Köln, 17.- 18. Sept. 1973, S. 160 - 175

Raether, C.: Kurzfristige Fertigungssteuerung in teilautonomen Fertigungsbereichen. In: Bullinger, H.-J. (Hrsg.): Handbuch des Informationsmanagements im Unternehmen: Technik, Organisation, Recht, Perspektiven. Band 1. München, 1991, S. 255 - 272

Rahm, E.: Der Database-Sharing Ansatz zur Realisierung von Hochleistungstransaktionssystemen. In: Informatik-Spektrum, Heft 2, 1989 (12. Jg.), S. 65 - 81

Rose, B.: Spezialisten haben den Kopf frei für Neuentwicklungen. In: Handelsblatt Nr. 204, Mittwoch 21.10.1992, Seite B 4

Rothermel, K.: Kommunikationskonzepte für verteilte transaktionsorientierte Systeme. Berlin, Heidelberg et al, 1987

Schade, K.-G./ Maurer, R.: Integrierte generalisierte Bedieneroberflächen zwischen CAD und PPS. In: ZwF CIM, März 1992, S. CA 58 - CA 62

Schaible, F.A./ Dräger, U.: Informationsmanagement im Rechnungswesen. In: Bullinger, H.-J. (Hrsg.): Handbuch des Informationsmanagements im Unternehmen: Technik, Organisation, Recht, Perspektiven. Band 1. München, 1991, S. 124 - 145

Scheer, A.-W.: CIM - Computer Integrated Manufacturing. Der computergesteuerte Industriebetrieb. 3. erw. Aufl., Berlin, Heidelberg et al, 1988

Scheer, A.-W.: Wirtschaftsinformatik: Informationssysteme im Industriebetrieb. 2. verb. Aufl., Berin, Heidelberg et al, 1988

Scherr, A. L.: Distributed data processing. In: IBM Systems Journal, No. 2, Vol. 17, 1978, S. 324 - 343

Scherr, A.L.: SAA distributed processing. In: IBM Systems Journal, No. 3, Vol. 27, 1988, S. 370 - 383

Scherr, A.L.: Structures for networks of systems. In: IBM Systems Journal, No. 1, Vol. 26, 1987, S. 4 - 12

Schill, A.: Remote Procedure Call: Grundlagen. In: Informatik-Spektrum, Heft 2, 1992 (Bd. 15), S. 79 -87

Schill, A.: Remote Procedure Call: Erweiterte RPC-Ansätze. In: Informatik-Spektrum, Heft 3, 1992 (Bd. 15), S. 145 - 155

Schill, A.: Strukturelle Verwaltung verteilter Programme: Ein Überblick über Konzepte und Systeme. In: Wirtschaftsinformatik, Heft 1, 1992 (34. Jg.), S. 94 - 106

Schlageter, G./ Stucky, W.: Datenbanksysteme: Konzepte und Modelle. 2., neubearb. und erw. Aufl., Stuttgart, 1983

Schmid-Heizer, H.: Corporate Network - Eine Herausforderung für die 90er Jahre. In: Theorie und Praxis der Wirtschaftsinformatik. HMD: Netzwerkmanagement, Heft 167 (29. Jahrgang), September 1992, Forkel Verlag, S. 21 -35

Schneeweiß, C.: Planung, Band 2: Konzepte der Prozeß- und Modellgestaltung. Berlin, Heidelberg et al, 1992

Scholz, B.: CIM-Schnittstellen: Konzepte, Standards und Probleme der Verknüpfung von Systemkomponenten in der rechnerintegrierten Produktion. München, Wien, 1988

Schoop, E.: Dezentrale Fertigungsinformationssysteme: ein Modellansatz für die verteilte Anwendungsabwicklung in kleineren Betrieben mit Hilfe systemanalytischer Werkzeuge. Frankfurt am Main, 1987

Schümmer, M.: Manufacturing Message Specification MMS/RS-511. In: Informatik-Spektrum, Heft 4, 1988 (Bd. 11), S. 209 - 211

Sloman, M./ Kramer, J.: Verteilte Systeme und Rechnernetze. München, Wien, 1989

Stahlknecht, P./ Appelfeller, W.: Objektorientiertes Design (ooD). In: Wirtschaftsinformatik, Heft 2, 1992 (34. Jg.), S. 249 - 252

Stanek, J./ Lüthi, A./ Schaller, T.: Marktstudie: Stand der CA-Techniken. In: Output, Heft 9, 1992, S. 55 - 58

Steinmetz, R./ Schnutz, H./ Nehmer, J.: Netz-Betriebssystem/verteiltes Betriebssystem. In: Informatik-Spektrum, Heft 1, 1990 (Bd. 13), S. 38 - 39

Steuerwald, J.: Informationsmanagement in der betrieblichen Praxis. In: Computer Magazin, Heft 9, 1991 (20. Jahrgang), S. 38 -39

Stumm, M.: Verteilte Systeme: Eine Einführung am Beispiel V. In: Informatik Spektrum, Heft 5, 1987 (Bd. 10), S. 246 - 261

Suppan-Borowka, J.: TOP - Technical Office Protocols. In: Informatik-Spektrum, Heft 4, 1987 (Bd. 10), S. 218 - 220

Ten Dyke, R. P./ Kunz, J. C.: Object-oriented programming. In: IBM Systems Journal, Vol. 28, No. 3, 1989, S. 465 - 478

Terplan, K.: Kommunikationsnetze: Planung, Organisation, Betrieb. München, Wien, London, 1989

Ullman, J.D.: Principles of Database and Knowledge-Base Systems, Vol. 1., Rockville, Maryland, 1988

Ulrich, H./ Probst, G. J. B.: Anleitung zum ganzheitlichen Denken und Handeln. Ein Brevier für Führungskräfte. 3. erweit. Aufl., Bern, Stuttgart, 1991

Ulrich, P./ Fluri, E.: Management. Bern, Stuttgart, 3. neu bearb. Aufl., 1984

Vetter, M.: Informationssysteme in der Unternehmung: eine Einführung in die Datenmodellierung und Anwendungsentwicklung. Stuttgart, 1990

Völme, K.-H.: Mit Computer mehr Durchblick im Daten-Dschungel. In: Handelsblatt Nr. 204, 21.10.1992, S. B 18

Vossen, G.: Datenmodelle, Datenbanksprachen und Datenbank-Management-Systeme. Bonn, Reading, Massachusetts et al, 1987

Warnicke, B.: Dezentralisierte Datenverarbeitung für Kostenrechnung und Controlling. Wiesbaden, 1991

Warschat, J./ Salzer, C.: CIM - ein Überblick. In: Bullinger, H.-J. (Hrsg.): Handbuch des Informationsmanagements im Unternehmen: Technik, Organisation, Recht, Perspektiven. Band 1. München, 1991, S. 227 - 253

Wiendahl, H.-J.: Belastungsorientierte Fertigungssteuerung: Grundlagen, Verfahrensaufbau, Realisierung. München, Wien, 1987

Wiendahl, H.-P.: Erwiderung: Probleme der belastungorientierten Auftragsfreigabe. In: ZfB, Heft 11, 1988 (58. Jg.), S. 1224 - 1227

Wild, J.: Grundlagen der Unternehmensplanung. Reinbeck bei Hamburg, 1974

Wildemann, H.: JIT trends in West Germany. In: Mortimer, J. (Hrsg.): Just-In-Time: An Executive Briefing. Berlin, Heidelberg et al, 1986, S. 7 - 19

Yelavich, B. M.: Customer Information Control System - An evolving system facility. In: IBM Systems Journal, Vol. 24, No. 3/4, 1985, S. 264 - 278

Zahn, E./ Rüttler, M./ Kleinhans, A.: Management Unterstützungssysteme - Eine vielfältige Begriffswelt. In: Hickert, R., Moritz, M. (Hrsg.): Management-Informationssysteme: Praktische Anwendungen. Berlin, Heidelberg et al, 1992, S. 1 -14

Zima, H.: Betriebssysteme: parallele Prozesse. 3. durchges. Aufl., Mannheim, Wien, Zürich, 1986

Zimmermann, M.: Configuration Support for Distributed Applications. In: Effelsberg, W., Meuer, H.W., Müller, G. (Hrsg.): Kommunikation in verteilten Systemen: Grundlagen, Anwendungen, Betrieb. GI/ITG-Fachtagung, Mannheim, 20.-22.02.1991, Proceedings, Informatik Fachberichte 267, Berlin, Heidelberg, 1991, S. 43 - 52

Zimmermann, W.,/Goos, G.: Betriebssystem. In: Krückeberg, F., Spaniol, O. (Hrsg.): Lexikon der Informatik und Kommunikationstechnik. Düsseldorf, 1990, S. 58 - 59

Printed by Libri Plureos GmbH
in Hamburg, Germany